Die Herstellung der Sägeblätter für Holz

Eine Betriebsführung für Sägewerker und andere Sägenfachleute

Von

Dr. Ing. **Eugen Wüster**

Eigentümer und Leiter der Sägenfabrik Wüster & Co., Wieselburg, und Obmann des Fachnormenausschusses „Sägeblätter und Handsägen“

Mit 38 Textabbildungen

Wien

Springer-Verlag

1952

ISBN-13:978-3-211-80289-2 e-ISBN-13:978-3-7091-7816-4
DOI: 10.1007/978-3-7091-7816-4

Einige Abschnitte dieses Buches sind als Vorabdruck in „Betrieb und Fertigung", Jahrg. 4 (1950), Heft 9, 11, Jahrg. 5 (1951), Heft 3, erschienen

Vorwort

Der wichtigste Werkstoff des Menschen neben dem Eisen ist das Holz.

Das wichtigste Werkzeug zur Nutzbarmachung des Holzes ist die Säge.

Einige Zahlen mögen das veranschaulichen: Schon im Jahre 1930 arbeiteten in Österreich nicht weniger als 8613 Betriebe mit 41 071 Arbeitern und 4346 Lehrlingen ausschließlich an der Gewinnung und Verarbeitung des Holzes. Darunter waren 3044 Sägewerke mit 19 567 Arbeitern und 379 Lehrlingen. Im Jahre 1950 gab es rund 6000 Sägewerke mit (am 1. Februar) 23 100 Arbeitern und 237 Lehrlingen. In Deutschland arbeiteten im Jahre 1929 fast 16 000 Sägewerke mit 132 000 Beschäftigten.

Aber auch für das Baugewerbe und für die Forstwirtschaft ist die Säge ein Hauptwerkzeug. Im Jahre 1930 gab es in Österreich 11 143 Betriebe des Bauwesens. Sie beschäftigten 132 000 Personen.

Alle österreichischen Holzarbeiter zusammen verbrauchen heute jährlich etwa 500 000 kg Sägen. Ungefähr dieselbe Menge wird in Österreich für die Ausfuhr hergestellt.

Aus allen diesen Zahlen folgt die volkswirtschaftliche Notwendigkeit, mit allen Mitteln der Forschung und des Erfahrungsaustausches auf hochwertige Sägeblätter hinzuarbeiten. Denn bei der Verwendung schlechter Sägen wächst der Zeit- und Kraftaufwand und — weil die Blätter dicker sein müssen — der Schneidabfall bedeutend. Z. B. ist nach Sägeversuchen des Instituts für forstliche Arbeitswissenschaft (Iffa), die im Jahre 1940 abgeschlossen waren, der Arbeitsaufwand bei Verwendung von Sägeblättern aus SM-Stahl um 20 % größer als bei der Verwendung von Elektrostahl.

Mit der Formgebung der Sägeblätter, d. h. mit der Blattform und mit der Zahnung, befassen sich in allen Ländern viele Bücher und Aufsätze, darunter manche Forschungsberichte. Auch die Handhabung und Pflege der Sägen haben ihre eigene Literatur. Dem Werkstoff und der Herstellung der Holzsägeblätter aber sind in der ganzen Welt nur einige wenige Aufsätze gewidmet worden. Ein Werk über die Herstellung der Sägeblätter, das über den Umfang eines Aufsatzes hinausginge, gibt es bisher in keiner Sprache.

Der Grund für diesen Mangel scheint auf den ersten Blick klar zu sein: Ein Buch wie das vorliegende kann doch höchstens für die 500 Sägenfabriken der Welt von Nutzen sein. Und nur in einer von diesen Fabriken könnte es entstehen. Wird aber irgend ein Sägenfabrikant seine Betriebsgeheimnisse freiwillig preisgeben, nur um der Konkurrenz zu nützen?

Eine solche Annahme über den Interessentenkreis ist falsch und schädlich. Denn wenn überhaupt die Güte der Sägeblätter gesichert und gesteigert werden soll, dann muß auch jedem gewerblichen Sägenbenutzer, insbesondere jedem industriellen, die Möglichkeit gegeben werden, die Eigenschaften seines wichtigsten Werkzeuges richtig zu beurteilen. Nur dann ist eine natürliche Auslese zwischen guten und schlechten Sägen und Sägenherstellern gewährleistet.

Von entscheidendem Einfluß auf die Güte einer Säge ist aber nicht nur ihre Form, von welcher so oft geredet und geschrieben wird, und nicht nur die Stahlsorte, die in der Preisliste der Sägenfabrik angegeben ist. Mindestens ebensosehr kommt es darauf an, wie der Stahl in der Sägenfabrik mechanisch und thermisch behandelt worden ist. Der gewerbliche Sägenbenutzer muß in großen Zügen lernen, wie man die angeborenen und die erst in der Sägenfabrik erworbenen Eigenschaften des Stahles unterscheiden und sogar messen kann.

Wie wenig sich die Sägenbenutzer und selbst viele Sägenhersteller des großen Einflusses des Herstellungsverfahrens bewußt sind, das spiegelt sich sogar in den wenigen Forschungsarbeiten wider, die den Einfluß des Stahles auf den Wirkungsgrad der Säge zum Gegenstand haben. In der Mehrzahl dieser Arbeiten ist nämlich nicht einmal die Härte der Versuchsblätter angegeben, und über den Ablauf der Wärmebehandlung oder über das metallographische Gefüge ist in keiner einzigen Arbeit etwas gesagt.

Darüber hinaus teilen offenbar selbst diese Forscher die Meinung der einfachen Wald- und Sägearbeiter, daß alle Blätter aus der X-Fabrik untereinander gleich sind und daß sie sich von allen Blättern der Y-Fabrik wesenhaft unterscheiden. In Wirklichkeit wäre es aber schon ein sehr hohes Lob für eine Sägenfabrik, wenn wirklich alle ihre Blätter genau gleich ausfielen.

Die Annahme, daß kein Fabrikant, auch kein Sägenfabrikant, seine Betriebserfahrungen gern preisgibt, trifft sicher zu. Je mehr aber die Sägenindustrie aus einem Kleingewerbe zu einem Zweig des Ingenieurwesens wird, um so mehr wird auch bei ihr der technisch-wissenschaftliche Erfahrungsaustausch seinen Einzug halten müssen. Es ist gewiß kein Zufall, daß die einzigen wertvollen Veröffentlichungen über Verfahren und Einrichtungen zur Herstellung von Holzsägen aus den beiden größten Sägenfabriken der Welt (Disston und Simonds, USA, siehe Abschnitt 9) hervorgegangen sind.

Ich bin mir bewußt, daß dieses Büchlein nur ein sehr bescheidener Baustein für den öffentlichen Erfahrungsaustausch in der Holzsägenindustrie ist. Aus Zeitmangel konnte ich nur einen kleinen Teil der in unserem Betriebe (Wüster & Co.) erarbeiteten theoretischen und praktischen Unterlagen berücksichtigen. Der Hauptwert meiner Arbeit sollte darin liegen, daß sie zu einem verstärkten Erfahrungsaustausch innerhalb der Holzsägenindustrie und zwischen dieser und den Holz zersägenden Industrien anregt. Vielleicht gibt eine zweite Auflage die Möglichkeit, Erweiterungen und Verbesserungen vorzunehmen. Ich bitte alle Fachleute um kritische Beiträge.

Im letzten Jahr hat die Internationale Normungsorganisation (ISO) auf österreichischen Antrag hin die Normung der Sägen aufgenommen. Mancher Abschnitt dieses Buches ist schon in dem Bestreben geschrieben, auch diesem internationalen Erfahrungsaustausch ein wenig den Weg zu bereiten.

Selbst diese kleine Arbeit wäre wahrscheinlich ohne mehrmaligen äußeren Anstoß ungeschrieben geblieben. Die Anregung kam von Herrn Professor Dr. Ludwig Tschirf, Vorstand des Mechanisch-Technologischen Institutes der Technischen Hochschule Wien. Er lud mich nämlich mehrmals, zuerst im Jahre 1947, ein, für die von ihm geleitete Fachzeitschrift „Betrieb und Fertigung“ die Herstellung der Sägeblätter zu beschreiben und so eine Lücke in der technischen Literatur wenigstens teilweise auszufüllen. Das dritte Kapitel dieses Buches ist inzwischen (Sept. 1950 bis März 1951) als Aufsatz in der genannten Zeitschrift erschienen.

Den letzten Anstoß zur Abfassung dieser Arbeit gab die im Herbst 1949 wiederholte Einladung der Berufs- und Fachschule für Sägewerker Österreichs in Kuchl bei Salzburg, dort einen Halbtags-Lehrgang über die Herstellung der Sägeblätter abzuhalten. Die Leitung dieser österreichischen Zentralstelle für die Gemeinschaftsarbeit der Sägeindustrie hat schon lange erkannt, daß auch die Sägewerker mit der Herstellung der Sägeblätter vertraut gemacht werden müssen. In jedem Lehrgang steht dieser Gegenstand auf dem Stundenplan.

Mein kleines Buch soll also sowohl dem Maschinentechniker als auch dem Sägewerker einen Überblick über die Herstellung der Sägeblätter geben. Diese doppelte Zielsetzung hat für beide Leserkreise Nachteile: Der Techniker wird über vieles hinweglesen, was ihm ohnehin geläufig ist. Der Sägewerker und der sonstige Sägenbenutzer aber wird in manchen Fällen eine zusätzliche Erklärung vermissen.

Nun, möge der Techniker durch die Genugtuung entschädigt werden, daß seine Erkenntnisse jetzt auch für einen anderen Kreis nutzbar gemacht werden. Der Holzfachmann aber möge sich angeregt fühlen, weitere Aufklärung in Fortbildungskursen zu suchen.

So klein dieses Büchlein ist, so bin ich doch vielen Personen für ihre Mithilfe bei seiner Gestaltung Dank schuldig.

Technische Ratschläge, zum Teil auf Grund des Vorabdruckes des dritten Kapitels, verdanke ich folgenden Fachleuten:

Herrn Max Dominicus, Gesellschafter der Sägenfabrik David Dominicus & Co., Ges. m. b. H.,

Remscheid-Vieringhausen; Herrn Herbertz, Sägenfabrik Herbertz & Schmidt, Remscheid-Hasten; Dipl.-Ing. Leveringhaus, Versuchsanstalt der Werkzeugindustrie Remscheid; Dipl.-Ing. Rauhut, Fachgruppe Werkzeugindustrie, Remscheid; Prof. Dr. E. E. Stentzel, Technische Zentralstelle der Deutschen Forstwirtschaft, Hamburg-Bahrenfeld; den Ingenieuren meiner eigenen Sägenfabrik Wüster & Co., vor allem Dir.-Stellv. Ing. H. Plehn und Dipl.-Ing. Rudolf Brunneder.

Bei der Zusammenstellung der Übersicht über die Holzsägenfabriken (Kapitel 8) habe ich von vielen Seiten Auskünfte erbitten müssen und erhalten. Nachfolgend ein Verzeichnis dieser Stellen und Personen, geordnet nach den DK-Zahlen der Länder:

(41) Mr. E. A. Tuxford, Saw Manufacturers' Association, Sheffield; (43) Fachverband der Werkzeugindustrie, Remscheid; Herr Max Dominicus, siehe oben; Herr Johannes Lindner, Ob.-Ing. der Maschinen- und Werkzeugfabrik Wilhelm Grupp o. H. G., Oberkochen und Neresheim. Württemberg; Stahlwerk Kabel C. Pouplier jr., Hagen-Kabel, Westfalen; Herr Hans Werner, Verkaufsleiter der Stahlwerke Röchling-Buderus A.G., Wetzlar; (436) Fachverband der Eisen- und Metallwarenindustrie, Wien; Fachverband der Sägeindustrie, Wien; Frl. Anneliese Grießler, Wien; Ing. Franz Kral, Direktor der Verkaufsstelle Österreich der Schoeller-Bleckmann Stahlwerke A.G., Wien; (44) M. Bourquin, Directeur du Service Exportation der Sägenfabrik Peugeot Frères, Paris; M. Arrous, Syndicat National de l'Outillage à Main, Paris; (471.1) Suomen Teräyhdistys (= Finnische Sägeblattvereinigung), Tampere, Finnland; Herr Hemmo Tietti, Tiskarla, Kuusjoki, Finnland; (485) Sägenfabrik Sandviken Jernverks Aktiebolag, Sandviken, Schweden.

Außerdem einige Vertreter meiner Sägenfabrik Wüster & Co. in verschiedenen Ländern.

Die Erlaubnis, ein Bild bzw. ein Normblatt abzudrucken, haben erteilt: die Walzmaschinenfabrik August Schmitz, Düsseldorf; der Österreichische Normenausschuß (ÖNA), Wien.

Wieselburg, 10. Juli 1952.

E. Wüster

Inhaltsverzeichnis

1. Die Einteilung der Sägeblätter

Die Herstellung der Sägeblätter, auch der Holzsägeblätter allein, weist erhebliche Unterschiede auf, je nach der Arbeitsweise, Form und Größe der Blätter. Deshalb muß eine Beschreibung der Herstellung von Sägeblättern mit einem Überblick über ihre Einteilung beginnen.

1.1. Die Einteilung nach der Blattversteifung

Wie alle Dinge kann man auch die Sägen, d. h. die Handsägen und die Sägemaschinen, nach sehr verschiedenen Gesichtspunkten einteilen. Die Vorzugseinteilung der Sägen, unabhängig von dem zu sägenden Werkstoff, geht aus von der Art der „Blattversteifung“ und von der Art der „Blattbewegung“. Diese Einteilung ist in der nachfolgenden Übersicht dargestellt.

Die den Benennungen vorgesetzten Nummern stammen aus der Internationalen Dezimalklassifikation (DK). Nur die ersten fünf Dezimalen 621.93, die allen Sägenarten gemeinsam sind, sind fortgelassen.

In der waagerechten Ausdehnungsrichtung der Übersichtstafel sind nach der Art der „Blattbewegung“ „Handsägen“ von „Maschinensägen“ unterschieden. Innerhalb der Maschinensägen wieder sind den „Hubsägen“ oder „Maschinenlangsägen“ die „Umlaufsägen“ gegenübergestellt. Diese Unterscheidungen sind ohne weitere Erläuterung klar.

In senkrechter Richtung dient die „Blattversteifung“ als Unterscheidungsmittel. Das ist folgendermaßen zu verstehen: Das Sägeblatt muß,

Einteilung der Sägen und Sägeblätter nach Blattversteifung uud Blattbewegung

Einteilung nach: Blattbewegung / Blattversteifung	2 Handsägen	3/6 Maschinensägen — Einteilung nach dem Bewegungssinn: 3 Hubsägen (= Maschinenlangsägen)	3/6 Maschinensägen — Einteilung nach dem Bewegungssinn: 4/6 Umlaufsägen (Umlaufende Sägen)
023.22 Steifsägen	2.2 Handsteifsägen, z. B. Astsägen, Fuchsschwänze	3.2 Maschinensteifsägen, z. B. Kopfsägen	4 Rotierende Sägen, z. B. Kreissägen, Zylindersägen
023.23 Schlaffsägen	2.3 Handschlaffsägen, z. B. Zugsägen, Spaltsägen	3.3 Wippsägen	—
023.24 Kleine Vorspannsägen	2.4 Bogensägen, z. B. Metall-Bügelsägen, Baumsägen, Laubsägen	3.4 Hacksägen (nur für Metall in Verwendung)	—
023.25 Große Vorspannsägen	2.5 Strecksägen, z. B. Bügelsägen für Holz, Spannsägen	3.6 Gattersägen	5 Bandsägen 6 Umlaufende Schmiegsägen, z. B. Drahtseilsägen, Laufkettensägen

um auf das Werkstück die zum Schneiden nötige Kraft ausüben zu können und um dabei nicht seitlich auszuweichen, eine gewisse Steifigkeit besitzen. Manche Blätter besitzen eine solche Steifigkeit schon in sich selbst, und zwar infolge entsprechender Dicke oder infolge eines aufgesetzten Verstärkungsrückens. Dann spricht man von „Steifsägen". Solche Steifsägen sind z. B. die Fuchsschwänze, die Kopfsägen (auch „Stutzsägen" oder „Maschinen-Fuchsschwänze" genannt) und die Kreissägen. Steifsägen können auf Stoß arbeiten, obwohl nur eines von den beiden Blattenden oder nur die Blattmitte eingespannt ist.

Andere Sägeblätter wieder sind zwar nicht dick genug, um auf Stoß allein beansprucht werden zu können, aber der Arbeitszug verleiht ihnen hinreichende Steifigkeit. Solche Sägen heißen „Schlaffsägen". Das bekannteste Beispiel dieser Sägenart sind die Zugsägen. Der zweite Mann kann auch durch ein Gewicht ersetzt werden, wie bei den Eissägen, oder durch eine Feder, wie bei den Wipp- oder Dekoupiersägen.

Die dritte Art, dem Blatt die nötige Arbeitssteifigkeit zu geben, ist bei den „Vorspannsägen" angewendet. Sie besteht darin, daß man das Blatt in einen Vorspannkörper einspannt. Der Vorspannkörper ist z. B. ein Bügel wie bei den „Bügelsägen" oder ein Gatterrahmen. Bei den Bandsägen wird der Vorspannkörper durch das ganze Maschinengestell dargestellt, welches die Rollen trägt, über welche das Blatt gespannt ist.

1.2. Die Einteilung nach den zu schneidenden Werkstoffen

Im Alltagsleben hört man, was das zu schneidende Werkstück anbelangt, gewöhnlich nur zwischen „Holzsägen" und „Metallsägen" unterscheiden. Dadurch ist man versucht zu glauben, daß mit diesen Worten schon eine scharfe Begriffsabgrenzung ausgesprochen ist.

In Wirklichkeit aber gibt es weit mehr Stoffe als Holz und Metall, die man mit Sägen zu zertrennen pflegt. Viele von diesen anderen Werkstoffen verlangen Sägeblätter, die in mancher Hinsicht den eigentlichen Holzsägeblättern sehr ähnlich sind, z. B. dieselbe Stahlzusammensetzung haben, die aber anders angelassen und gezahnt werden müssen.

Nachfolgend eine kleine Übersicht über die Stoffe, die man zu sägen pflegt:

1. Metalle:

1.2. Harte Metalle, wie Stahl und Eisen
1.3. Weiche Metalle, wie Kupfer, Aluminium, Blei

6. Feste organische Stoffe, Kunstpreßstoffe:

6.3. Feste pflanzliche und tierische Erzeugnisse, wie Steinnuß, Horn, Knochen, Elfenbein
6.4. Holz
6.5/.8. Andere organische Stoffe, wie Leder, Papier, Faserstoffe, Gummi
6.95. Kunstpreßstoffe

7. Feste mineralische Stoffe, wie Stein, Glas, Ziegel

9. Halbfeste und bildsame Stoffe:

9.3. Weiche pflanzliche und tierische Erzeugnisse, wie Heu, Zuckerrohr, Früchte, Fleisch, Dünger
9.6. Stoffe der chemischen Technik, wie Kohle, Torf, Nutz- und Speiseeis, Zucker, Brot, Waffeln, Wachs, Seife, Erde, Lehm

Die Nummern sind wieder der Internationalen Dezimalklassifikation angepaßt. Nur die ersten sechs Dezimalen 621.9.03 sind fortgelassen.

Alle aufgezählten sägbaren Stoffe werden hinsichtlich der zu verwendenden Sägeblätter in folgende drei Hauptgruppen zusammengefaßt:

1. Metalle

7. Steinartige Stoffe

6 + 9. Holz und andere organische Stoffe, Erzeugnisse der chemischen Technik.

Je nachdem, welcher von den drei vorstehenden Gruppen der zu sägende Stoff angehört, unterscheiden sich die Sägeblätter deutlich nach Werkstoff und Feinheit der Zahnung.

Sägenstähle für Metalle sind härter als Holzsägenstähle. D. h. sie enthalten entweder mehr Kohlenstoff, oder sie sind höher legiert. Gerade umgekehrt liegt der Fall bei den Steinsägeblättern: Sie sind weicher als Holzsägeblätter. Und zwar enthalten sie nicht nur weniger Kohlenstoff, sondern sie werden nicht einmal gehärtet. Der Grund dafür ist, daß Steinsägeblätter für harte Gesteine keine Zähne haben. Statt zu schneiden, schleifen sie mittels eingestreuten Sandes. Oder in ihren Rand sind Diamanten eingesetzt. Was die Zahnung anbelangt, so sind Metallsägeblätter weit feiner gezahnt als Holzsägeblätter.

Auch innerhalb jeder einzelnen von den drei Stoff-Hauptgruppen gibt es noch Unterschiede, wenn auch nur kleinere, hinsichtlich der erforderlichen Eigenschaften des Sägeblattes. So können Sägeblätter für weiche Metalle zur Not auch aus Holzsägenstahl hergestellt werden. Aber ihre Zahnung ist auf jeden Fall feiner als die der Holzsägeblätter. Anderseits aber ist sie gröber als die Zahnung für harte Metalle. Innerhalb der Sägeblätter für organische Stoffe verlangen z. B.

Knochensägen eine feinere Zahnung als Holz. Aber selbst innerhalb der Holzsägeblätter allein gibt es noch, wie allgemein bekannt, eine sehr große Mannigfaltigkeit der Zahnungen. Die Zahnung hängt nicht nur von der Holzart ab, sondern auch noch von manchen anderen Umständen, wie z. B. Schnittgeschwindigkeit und Maschinengröße.

Unter Absehung von diesen feineren Unterschieden werden die Sägeblätter vom Standpunkt der Herstellung aus ihrerseits in drei Herstellungs-Hauptgruppen eingeteilt, entsprechend den erwähnten drei Hauptgruppen der sägbaren Stoffe:

Metallsägeblätter, hergestellt in Metallsägenfabriken,

Steinsägeblätter, hergestellt in Stahlwerken,

Blätter für holzartige Stoffe, hergestellt in Holzsägenfabriken.

Die meisten Holzsägenfabriken erzeugen außer Holzsägeblättern auch landwirtschaftliche und gewerbliche Maschinenmesser, z. B. Häckselmesser und Hobelmesser. Das Vormaterial für viele solche Messer sind nämlich Holzsägenbleche, und auch die Erzeugungsmittel und -verfahren sind ähnlich.

Weiter oben (in Abschn. 1.1) ist eine Übersichtstafel über die Vorzugseinteilung der Sägenformen nach der Blattsteifigkeit gegeben. Man unterscheidet danach Handsteifsägen, Zugsägen, Kreissägen usw. Mit allen diesen Sägen- bzw. Blattarten wird Holz geschnitten, ausgenommen lediglich die „Hacksägen“ (kleine Vorspann-Hubsägen). Darüber hinaus aber sind fast alle diese Sägenarten auch für viele andere von den sägbaren Stoffen ausgebildet worden. Nachfolgend eine Auswahl aus den vorkommenden Kombinationen:

Handsteifsägen: messerförmige Sägen für Fleischstücke (mit Knochen), Brot, Tomaten; Handsteifsägen für Heu, Stein, Lehm

Zugsägen: für Stein und Ziegel; Eissägen

Bogensägen: für Stahl, Laubsägen für Perlmutter, Horn, Elfenbein

Gattersägen: für Eisen, Stein, Elfenbein

Kreissägen: für Eisen, Perlmutter, Galalith, Steinnuß, Knochen, Torf, Zucker, Waffeln, Baumwolle

Bandsägen: für Eisen, Perlmutter, Galalith, Steinnuß.

Hiermit soll der Überblick über die Sägeblätter für andere Stoffe als Holz und holzähnliche Werkstoffe abgeschlossen sein. Die im folgenden beschriebenen Herstellungsverfahren gelten im allgemeinen auch für die holzähnlichen Werkstoffe. Wenn sich Angaben nur auf Holzsägeblätter oder überhaupt nur auf bestimmte Arten von Holzsägeblättern beziehen, so wird das aus der Formulierung erkennbar sein.

1.3. Die Einteilung nach dem Verwendungszweck

Die Vorzugseinteilung der Sägen nach der Blattsteifigkeit (Abschn. 1, 1) wird weiter unterteilt nach dem Verwendungszweck, d. h. nach der Schnittführung und nach der Arbeitsstätte.

Die Einteilung nach der Schnittführung ist von großer Bedeutung für die Zahnform. Sie sieht folgendermaßen aus:

1.2. Quersägen
   - Fällsägen
   - Kürzsägen

1.3. Längssägen
   - Blocksägen
   - Trennsägen
   - Besäumsägen

1.6. Furniersägen
(für Furnierschnitt)
3.6. Sägen zum Formschneiden
4. Laub-, Wipp- und Gehrungssägen
7. Lochsägen
9. Zerkleinerungssägen

Auch die vorstehenden Nummern sind der Internationalen Dezimalklassifikation entlehnt. Die ersten sieben Dezimalen 621.931-4 sind fortgelassen.

Nach der Arbeitsstätte werden die Sägen folgendermaßen unterteilt:

Waldsägen Gärtnersägen	sind Quersägen (obige Gruppe 1.2)
Sägewerkssägen	sind Quer- oder Längssägen (Gruppen 1.2 oder 1.3)
Bauholzsägen Tischlersägen	sind Sägen zum Formschneiden (Gruppe 3.6) und Lochsägen (Gruppe 7)
Brennholzsägen	sind Zerkleinerungssägen (Gruppe 9).

Für jede von diesen Arbeitsstätten sind gewöhnlich mehrere Sägenarten, d. h. Arten der Blattversteifung, geeignet. Welche davon in einem bestimmten Falle vorgezogen wird, ist stark von der Gegend abhängig. Z. B. werden außerhalb von Europa in größtem Maße Fuchsschwänze an Stelle von Spann- und Bügelsägen verwendet. Waldstrecksägen werden in Westeuropa nicht wie bei uns in Bügel, sondern in Gestelle, d. h. in gelenkige Vorspannkörper, eingespannt. Vielfach, aber keineswegs immer, sind solche örtlichen Verschiedenheiten nur eine Folge der technischen Entwicklung. So z. B. die Zurückdrängung der Gatter durch Blockbandsägen in Nordamerika.

Die Verdrängung der Handsägen durch Maschinensägen ist in der ganzen Welt in vollem Gang. Nicht nur bei uns, sondern in allen Industrieländern sind die Vorläufer der Gatter, nämlich die Spaltsägen, völlig verschwunden. Die Spann- und Zugsägen räumen mehr und mehr den Bandsägen und Laufkettensägen den Platz.

1.4. Die Form und Größe der Holzsägeblätter

Ketten- und Wendelsägen werden in dieser Arbeit nicht behandelt. Der schneidende Stahlkörper aller anderen Holzsägen ist blattförmig. Die Einrichtungen und Verfahren zur Herstellung der Sägeblätter hängen in erster Linie von der Form und Größe der Blätter ab.

1.41. Die Form der Holzsägeblätter

Von der Form der Sägeblätter ist dabei weniger die Dicke, als ihre Längs- und Querausdehnung wichtig. Nach diesem Gesichtspunkt sind die Holzsägeblätter und -maschinen folgendermaßen einzuteilen:

Ebene Sägen

Gestreckte Sägen

Langsägen (Gruppen 2/3 der Vorzugseinteilung)
- Gleichbreite Langsägen
- Gebauchte Sägen } nur als Zug-
- Sägen mit hohlem Rücken } u. Bügelsägen
- Sägen mit hohler Schneidlinie (nur als Handsteifsägen)
- Trapezförmige Sägen (nur als Steif- und Spaltsägen)

Bandsägen (Gruppe 5)

Kreissägen (Gruppe 4.22)
Winkelsägen (nur als Gestellsägen)
Gewölbte Sägen (Gruppe 4.24)

Diese Arbeit beschäftigt sich nur mit den ebenen Sägeblättern. Die vorstehenden Unterarten der ebenen Sägeblätter, d. h. die Lang-, Band- und Kreissägeblätter, werden bei den meisten Arbeitsgängen in getrennten Abschnitten behandelt werden.

1.42. Die Größe der Holzsägeblätter

Außer der Form der Blätter ist auch ihre Größenklasse für die Herstellungsweise entscheidend. Grundsätzlich sind fünf verschiedene Breitenklassen und drei verschiedene Längenklassen zu unterscheiden gemäß der nachfolgenden Übersichtstafel „Größenklassen“ (Abb. 1).

Nicht jede Breitenklasse kommt in jeder Längenklasse vor. Dadurch ergeben sich insgesamt nicht fünfzehn, sondern nur acht Größenklassen. Die kleinste Breitenklasse (bis 2 mm) besteht nur aus den Laubsägeblättern, den beiden größten (über 250 mm Mindestausdehnung) gehören nur Kreissägeblätter an. Nur die mittleren Breitenklassen (4 bis 250 mm) verbinden sich mit mehreren Längenklassen. Aber die Grenze zwischen diesen Längenklassen ist unverkennbar, z. B. die 3-m-Grenze zwischen den Bandsägeblättern einerseits und den Lang- und Kreissägeblättern anderseits. Spielzeugsägen, Modellsägen u. dgl. bleiben selbstverständlich außerhalb dieser Größeneinteilung.

Durch die Normung sind die Querschnitte der wichtigsten Arten der Holzsägeblätter genau festgelegt worden, auch die Dicken. Einen Überblick über diese Abmessungen gibt das nachfolgende Bild „Bandstahlplan für Holzsägeblätter“ (Abb. 2).

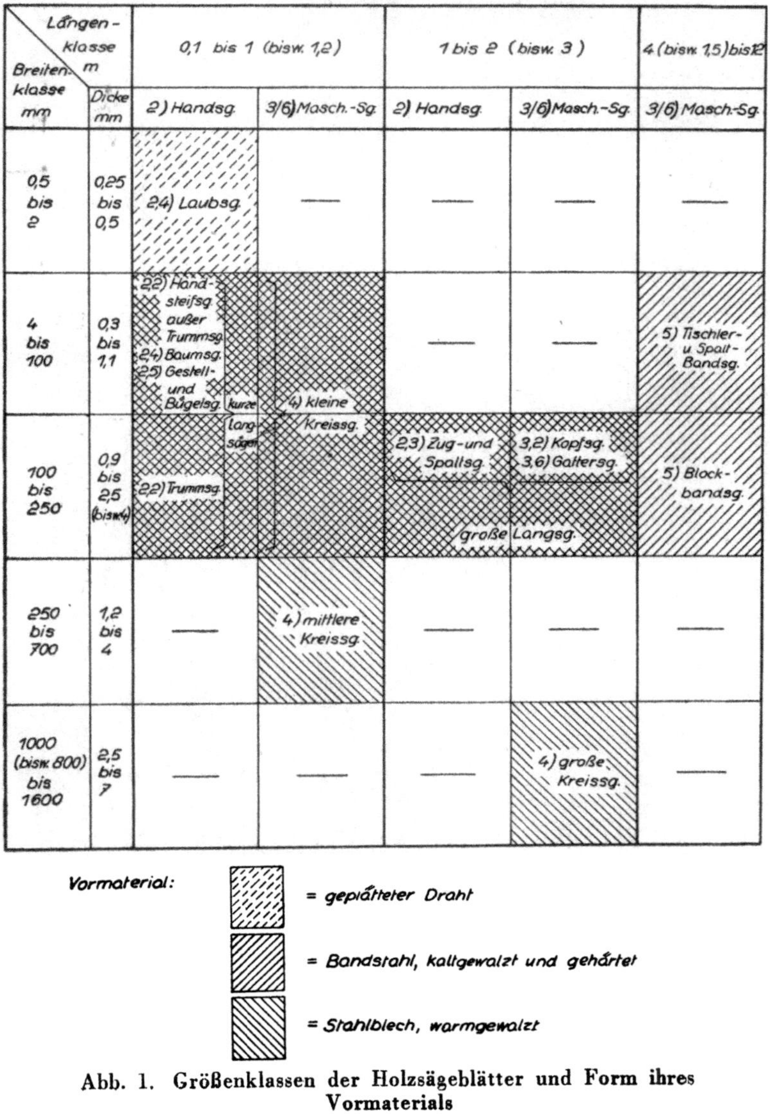

Abb. 1. Größenklassen der Holzsägeblätter und Form ihres Vormaterials

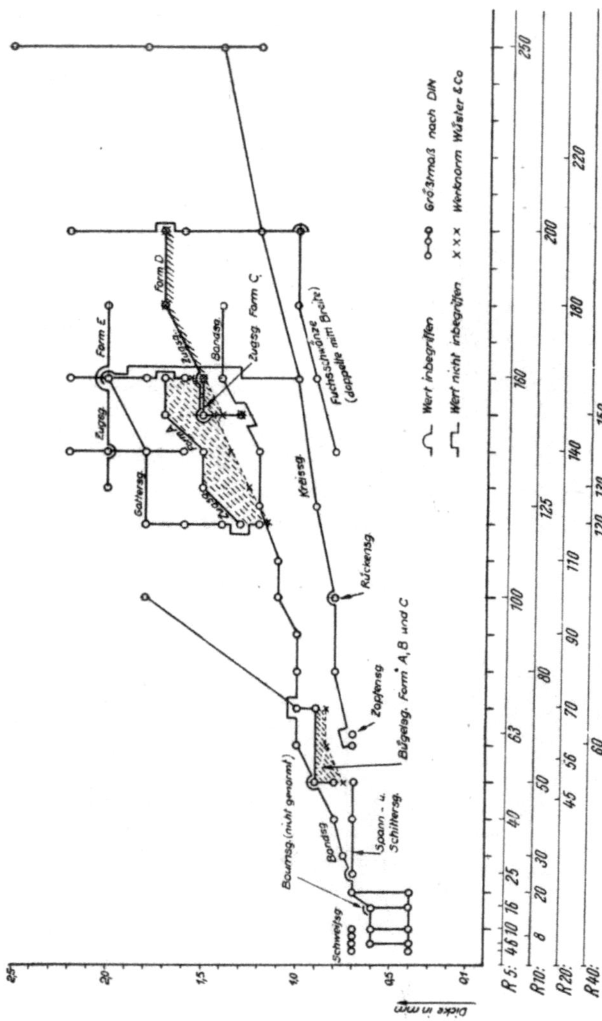

Abb. 2. Bandstahlplan für Holzsägeblätter
(Handsägen nach DIN, Maschinensägeblätter nach Önorm)

1.5. Die Einteilung der Zahnformen der Holzsägeblätter

1.51. Die ungezahnten Sägeblätter

Wenn man von „Sägen“ spricht, so denkt man im allgemeinen an gezahnte Sägeblätter. Daneben gibt es aber auch ungezahnte Sägeblätter, und zwar zum Zerschneiden von Stein, wie schon erwähnt (in Abschn. 1.2), und von Stahl und Eisen. Je nach der Schneidwirkung unterscheidet man zwei verschiedene Arten ungezahnter Sägeblätter: Die sogenannten „Schleifsägeblätter“ schneiden mittels eingestreuten Sandes oder anderer Schleifstoffe. Die „Reibsägeblätter“ schneiden durch Reibungswärme. Ein Mittelding zwischen gezahnten und ungezahnten Sägen sind die „Schmelzsägeblätter“. Sie haben zwar Zähne (stumpfe), verwenden aber zusätzlich die Reibungswärme zum Schneiden.

Da die folgende Arbeit sich auf Holzsägeblätter beschränkt, können ungezahnte Sägeblätter ebenso außer Acht gelassen werden wie die Sonderformen der Zähne von Metall- und Steinsägeblättern.

1.52. Die Teile des Sägenzahnes

Eine der häufigsten Zahnformen, ein sogenannter „NV-Zahn“, ist in dem nachfolgenden Bild dargestellt.

Der obere Teil des Zahnes heißt „Kopf“, der untere Teil heißt „Fuß“. Der unterste Teil des Fußes heißt „Grund“. Diejenige Seitenfläche, mit welcher der Zahn zuerst in das Werkstück eindringt, ist die „Brust“. Die entgegengesetzte Zahnseite ist der „Rücken“.

Der Kopf des Zahnes kann entweder, wie in der Abbildung, aus einer einzigen „Spitze“

bestehen oder aus mehreren. Die Spitze läuft in die beiden „Ecken“ aus. Zwischen ihnen liegt die „Spitzenkante“. Sie ist eine „Schneide“, und zwar bei den Längssägen die „Hauptschneide“.

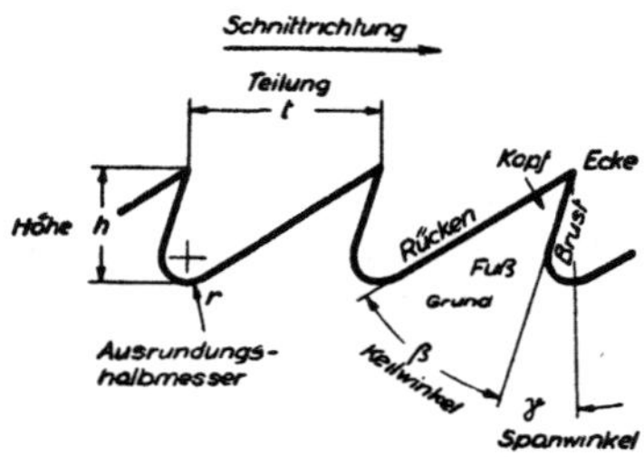

Abb. 3. Teile eines Holzsägenzahnes

Die Zahnecken mit der Schneide sind das Kernstück der Zahnung. Die übrigen Teile des Zahnes sind eigentlich nur dazu da, um die Schneide zu tragen und um ihr sonstige Hilfsdienste zu leisten.

1.53. Die Zahnwinkel

Die Schneidwirkung eines Sägenzahnes hängt in erster Linie davon ab, in welcher Lage die Schneide das Werkstück angreift, d. h. vom „Spanwinkel“ γ. Der Spanwinkel kann positiv sein, wie in der Abbildung, oder auch negativ. Der „Keilwinkel“ β der Sägenzähne dient nicht unmittelbar dem Schneidvorgang. Er soll vielmehr der Zahnspitze die nötige Festigkeit geben. Je größer Span- und Keilwinkel zusammen sind, um so weniger Platz bleibt bei geradlinigem Zahnrücken für die Zahnlücke. Reicht so die Zahnlücke nicht mehr zur Aufnahme der Späne aus, dann muß der Zahnrücken gebrochen oder gekrümmt werden.

Je größer der Spanwinkel ist, desto größer ist der Wirkungsgrad, desto größer aber auch der Leistungsbedarf sowie die Kraft, welche das Blatt in das Werkstück hineinzuziehen bestrebt ist. Darum wird der Spanwinkel von Längssägeblättern nur bei Handsägen klein oder negativ gemacht.

Zwar ist auch der Spanwinkel von Quersägen, und zwar auch bei Maschinensägen, überwiegend negativ. Aber das ist nicht der wirksame Spanwinkel. Denn Hauptschneide ist bei Quersägeblättern nicht die Spitzenkante, sondern die Brustkante der Zähne. Und der Spanwinkel der Brustkante wird zum Querschneiden positiv geschärft.

Soll eine Säge hin- und hergehend betrieben werden und soll sie dabei wie eine Zugsäge in beiden Richtungen schneiden, dann müssen entweder alle Zahnecken symmetrisch sein, oder es müssen unsymmetrische Zähne periodisch mit ihrem Spiegelbild abwechseln. Symmetrische Zahnecken haben die Form eines gleichschenkeligen Dreiecks, also die Form des senkrecht gedruckten lateinischen Buchstabens A. Sie sind deshalb als „A-Ecken" bezeichnet worden. Den unsymmetrischen, also ungleichschenkeligen Ecken ist analog der Name „N-Ecken" beigelegt worden. Sämtliche Zahnungen bestehen aus A- und N-Ecken, entweder unvermischt oder in irgend einer Kombination.

1.54. Die Zahnköpfe

Die Köpfe der Sägenzähne unterscheiden sich in erster Linie durch folgende Kennzeichen:

Eckenform (A oder N?)
Zahl der Spitzen
Verlauf des Zahnrückens
Vorzeichen des Spanwinkels.

Auf Grund dieser Kennzeichen werden die Zahnformen gemäß der nachfolgenden Übersicht eingeteilt und, wenigstens in den Normen, durch bildhafte Buchstaben benannt.

Die angeführten Kopfformen sind nur eine Auswahl aus den häufigsten.

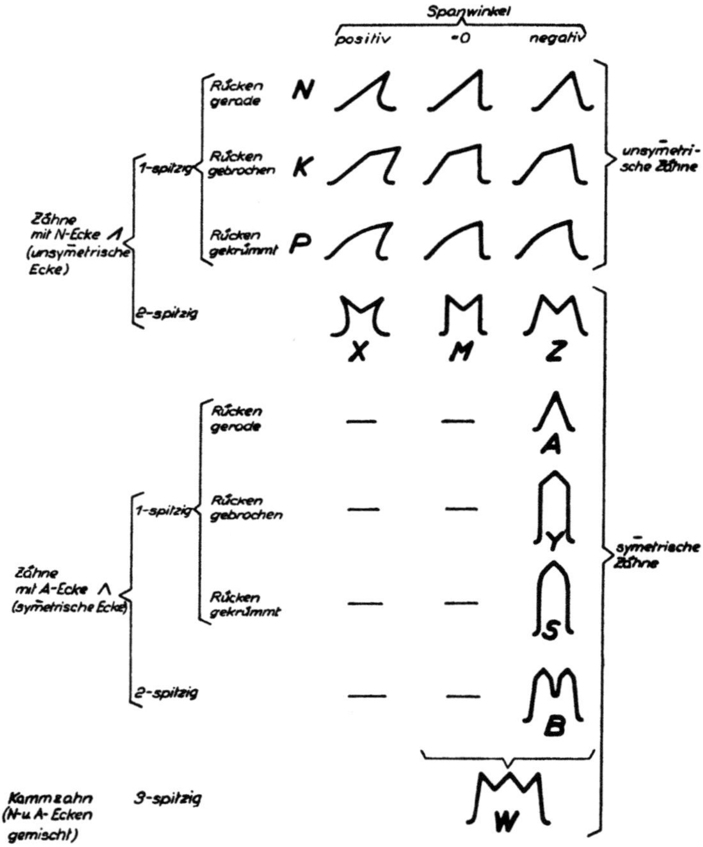

Abb. 4. Einteilung der Zahnköpfe

1.55. Die Zahnfüße

Zur Beschreibung der Zahnform gehört auch die Form des Fußes, insbesondere des Zahngrundes und des Zahnlückengrundes. Die wichtigsten Formen von Zahnfüßen und ihre Buchstabenzeichen sind in der nachfolgenden Übersicht dargestellt.

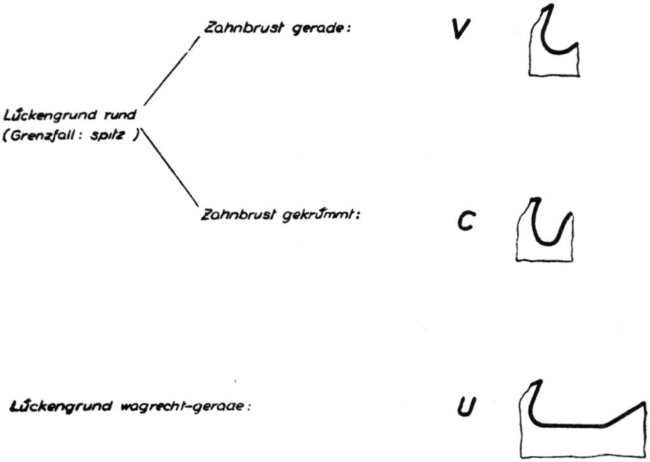

Abb. 5. Einteilung der Zahnfüße

1.56. Die Zahnformzeichen

Das vollständige Buchstabenzeichen einer Zahnform besteht danach aus zwei Buchstaben, einem für den Zahnkopf und einem für den Zahnfuß. Nachfolgend eine Zusammenstellung der häufigsten Verbindungen (Abb. 6).

1.6. Die Nennmaße der Sägenzähne

Wie schon gesagt (in Abschn. 1.52), ist das Kernstück jeder Zahnung die Schneide. Die für den Zerspanungsvorgang wichtigste Meßgröße ist der Spanwinkel γ, mit welchem die Schneide das Werkstück angreift. Das zweitwichtigste räumliche Kennzeichen für den Zerspanungsvorgang ist der Abstand, in welchem die Schneiden nacheinander angreifen, d. i. der Spitzenabstand e, welcher sich bei einspitzigen Zahnungen mit der Teilung t deckt.

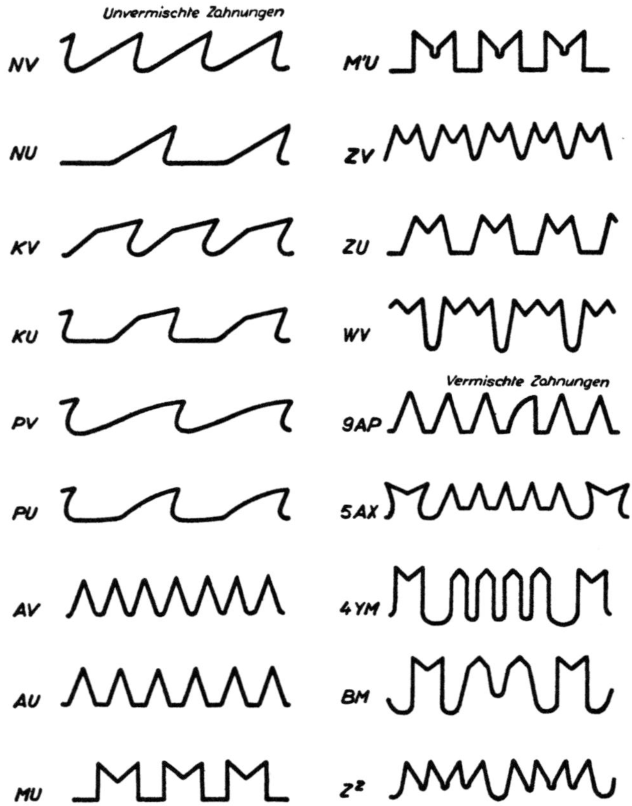

Abb. 6. Häufigste Zahnformen (Kombinationen von Zahnköpfen und Zahnfüßen)

Diese „Angriffsmaße" γ (in Grad), e (in mm) und t (in mm) sind deshalb in den Normen die „Nennmaße" für jede Holzsägenzahnung. Sie werden in dieser Reihenfolge den Formbuchstaben beigefügt und bilden so den Hauptbestandteil der „Zahnformel". Z. B. heißen die acht genormten Zahnformen für Gattersägeblätter folgendermaßen:

NV 12°18 NV 12°22 NV 12°25 NV 12°28
NV 18°18 NV 18°22 NV 18°25 NV 18°28.

In der Praxis der Sägewerke ist vorläufig noch sehr der Brauch verbreitet, als zweite Nenngröße neben der Zahnteilung nicht den Spanwinkel, sondern die Zahnhöhe h (siehe das Bild in Abschn. 1.52) zu verwenden. Man glaubt nämlich, diese leichter messen zu können. Nach diesem Verfahren würde z. B. der Zahn NV 12°25 durch das Produkt 25×14,5 gekennzeichnet werden. Diese Bezeichnungsweise hat aber zwei schwere Nachteile: Erstens verschleiert sie das Wesentliche am Schneidvorgang. Zweitens vermengt sie, vom Standpunkt des Herstellers aus gesehen, „Einstellmaße“ und „Festmaße“ des Zahnstempels miteinander. Dieser Gesichtspunkt wird bei der Besprechung des Zahnens (Abschn. 3.34) näher erläutert werden.

Die Zahnformel eines mehrspitzigen Zahnes sieht etwa folgendermaßen aus:

X 24 V 18°35.

Die Zahl nach dem ersten Formbuchstaben bedeutet den Zahnspitzenabstand e.

Bei Kreissägeblättern wird nicht die Zahnteilung in mm angegeben, sondern statt dessen die Zähnezahl. Sie wird den Formbuchstaben vorangestellt. Beispiel:

60 NV 20°.

1.7. Zusätzliche Meßgrößen der Sägenzähne

Zur Beschreibung genormter Zähne genügt die Angabe der beiden Nennmaße gemäß Abschn. 1, 6.

Für ungenormte Zähne aber müssen die Angriffsmaße, die sozusagen immateriell sind, durch die „Körpermaße“ ergänzt werden. Das erste Körpermaß ist der „Keilwinkel“ β (in Grad), gemäß dem Bild in Abschn. 1.52. Das zweite Körpermaß ist entweder die „Ausrundung“ r (in mm) oder die „Fußlücke“ f (in mm). Die Ausrundung r gilt für V-förmige, d. h. runde Zahnlücken, wie sie das erwähnte Bild zeigt. Die Fußlücke dagegen ist die Länge des Lückengrundes bei U-förmigen, d. h. geraden, länglichen Zahnlücken.

Die Körpermaße werden den Angriffsmaßen mittels eines Schrägstriches angefügt. Die vollständige Zahnformel für den genormten Gattersägenzahn NV 12°25 lautet dementsprechend:

NV 12°25/44°4.

2. Die Werkstoffe für Holzsägeblätter

Die Stähle für Holzsägeblätter wurden zum erstenmal in dem Normblatt DIN 5134 „Sägen für Holzbearbeitung. Kreis-, Gatter- und andere Sägen (außer Bandsägen). Technische Lieferbedingungen“ vom März 1940 genormt. Auf Grund der mit dieser ersten Ausgabe gemachten Erfahrungen wurde eine viel umfangreichere zweite Ausgabe ausgearbeitet, die aus vier getrennten Normblättern mit den Blattnummern 1 bis 4 besteht. Bei der Ausarbeitung war besonders maßgeblich die „Versuchsanstalt der Werkzeugindustrie“ in Remscheid beteiligt, die von Dipl.-Ing. Leveringhaus geleitet wird. Die Neubearbeitung heißt treffender: „Sägen für Holz. Werkstoffvorschriften für Stahlblech (Stb) und Bandstahl (Bst)“.

2.1. Zusammensetzung und Erschmelzung der Holzsägenstähle

2.11. Die Zahlenvorschriften des Normblattes

Blatt 1 der zweiten Ausgabe liegt als „Entwurf 2“ vom Juli 1944 vor. In diesem Entwurf[1]

[1] Für Deutschland im Juni 1947 als Norm erschienen.

sind nicht nur die unlegierten Stahlqualitäten festgelegt, die gegen Ende des Krieges allein noch zugelassen waren, sondern auch die für die Friedenszeit bestimmten legierten. Alle Festlegungen über Stahlzusammensetzung und Erschmelzungsart sind in der nachfolgenden Übersichtstafel zusammengestellt.

Eine Art der Holzsägeblätter wird beim Sägen zusätzlich einer starken Biegungsbeanspruchung unterworfen, nämlich die Bandsägeblätter. Denn sie werden von den Rollen ständig hin- und hergebogen. Deshalb waren in der ersten Ausgabe des Normblattes (von 1940) Bandsägeblätter ausdrücklich ausgenommen. In der neuen Fassung sind für sie besondere Stahlarten vorgeschrieben. Insgesamt sind in der Norm jetzt sechs Stahlqualitäten festgelegt, und zwar drei für Bandsägeblätter und drei weitere für alle übrigen Sägeblätter. Je drei Qualitäten unterscheiden sich untereinander nicht durch den Verwendungszweck, sondern nur durch die bessere Eignung für den gemeinsamen Zweck.

Auch in dem Werkstoffblatt „Unlegierte Werkzeugstähle“ des Vereins Deutscher Eisenhüttenleute (VDEh) aus dem Jahre 1949 (siehe Abschn. 9.21) sind Stahlzusammensetzungen für Holzsägeblätter festgelegt. Die Zusammensetzungen sind ähnlich wie in der Norm. Doch gibt es insgesamt (wenn man von Brennholzkreissägeblättern absieht) nur zwei unlegierte Qualitäten, und diese gelten in gleicher Weise für Band- und andere Sägeblätter. Die eine Qualität ist ein SM-Stahl, die andere ein Elektro- oder Tiegelstahl. Nachfolgend die Bezeichnungen:

SM-Stahl: C 85 WS (Werkstoffnummer 1830),
E-oder T-Stahl: C 87 WS (Werkstoffnummer 1840).

Wenn von verschiedenen „Stahlqualitäten“ in bezug auf eine einzige Sägenart gesprochen wird,

Die Holzsägenstähle nach DIN 5134, Änderungsentwurf vom Juli 1944

	Erschmelzungsart	Schlagzeichen	Zusammensetzung in %									
			C	S	P	P + S	Mn	Si	Cr	V	Cr + V	Ni
Holzsägen außer Bandsägen	SM-Stahl, unlegiert	SM	über 0,6	unter 0,04	unter 0,04	unter 0,07	Mn + C über 1,3	unter 0,4	—	—	—	—
	Tiegel- oder Elektrostahl, unlegiert	T E	über 0,8	unter 0,03	unter 0,03	unter 0,06 (T) unter 0,05 (E)	„	„	—	—	—	—
	Elektrostahl, legiert mit Cr und V	CrV	„	„	„	unter 0,05	über 1,2	„	über 0,5	über 0,3	über 0,7 (?)	—

Bandsägen	SM-, Elektro- oder Tiegelstahl, unlegiert	unlegiert	0,05 (?) bis 0,8	”	”	”	Mn unter 0,4	unter 0,35	—	—	—	—
	desgleichen, legiert mit Cr	Cr-legiert	0,55 bis 0,75	”	”	”	”	über 0,25	0,3 bis 0,5	—	—	—
	desgleichen, legiert mit Cr und Ni	Cr-Ni-legiert	”	”	”	”	”	”	”	—	—	unter 0,5

dann bedeutet „bessere" Qualität letzten Endes immer: größere Schneidhaltigkeit (Standzeit) ohne Vergrößerung der Bruchgefahr. Maßgebend ist also die Standzeit, welche das Blatt bei der größten noch bruchsicheren Vergütungshärte erreicht. Beim Vergleichen der Standzeiten müssen also Bandsägeblätter gerade so hart sein, daß sie noch keine Einrisse beim Schneiden bekommen. Bei allen anderen Sägeblättern, so weit sie überhaupt zum Schränken bestimmt sind, müssen sich die Zähne gerade noch schränken lassen, ohne zu brechen[2].

Die Schneidhaltigkeit eines gegebenen Stahles nimmt mit der Härte zu. Deshalb kann die Rockwell-Härte (Abschn. 3.24) an Stelle der Standzeit als Ersatzmaßstab für die Schneidhaltigkeit verwendet werden. Dieser Maßstab ist jedoch nur dann anwendbar, wenn Stähle derselben Zusammensetzung miteinander verglichen werden.

2.12. Der Einfluß der Zusammensetzung

Hinsichtlich der Zusammensetzung unterscheidet man zunächst unlegierte und legierte Stähle. Bei unlegierten Stählen gleicher Anlaßhärte wächst die Standzeit mit dem Kohlenstoffgehalt. Die bekannte amerikanische Sägenfabrik Henry Disston & Sons hat nach Allen (s. Abschn. 9.21) Messungen bei der Herstellung von hölzernen Heften auf einem Drehautomaten vorgenommen. Die Drehstähle bestanden aus unlegiertem Stahl und hatten alle eine Härte von 61 bis 62 R_c-Einheiten. Die Drehbankspindel machte 3200 U/min. Unter diesen Verhältnissen war die Standzeit folgendermaßen vom Kohlenstoffgehalt abhängig:

---

[2] Siehe Abschn. 3.25, Fußnote 3.

C	Standzeit
%	%
0,6	100
0,99	182
1,13	200

Die besten „Qualitäten" des Sägenstahles sind legiert, und zwar in der Regel — wie die vorstehenden genormten Analysen zeigen — nur niedriglegiert. Solche Stähle sind in warmgewalztem Zustand um 20 bis 30 % teurer als die unlegierten. Die Legierungsbestandteile vergrößern die Schneidhaltigkeit entweder unmittelbar oder, indem sie die Zähigkeit vergrößern, mittelbar.

Als Legierungselemente der erstgenannten Art, d. h. zur Vergrößerung der Schneidhaltigkeit, wird für Holzsägeblätter Chrom (Cr) verwendet, nach Schreiber („Beurteilung", s. Abschn. 9.21) bisweilen auch Wolfram (W). Mit Chrom oder Wolfram legierte Stähle sind schneidhaltiger als unlegierte Stähle derselben Härte (Festigkeit) oder derselben Zähigkeit (bleibenden Bruchdehnung, Schränkbarkeit). Die Ursache ist, daß Chrom und Wolfram zusammen mit dem im Stahl befindlichen Kohlenstoff „Sonderkarbide" bilden, d. h. Karbide, die viel härter sind als die Eisenkarbide im unlegierten Stahl. Die Schneidhaltigkeit des Stahles nun hängt in erster Linie von dem Verschleißwiderstand der Karbide und nicht der mit ihnen vermengten Ferritkristalle ab. Zu beachten ist aber, daß ein größerer Zusatz von Chrom die Zähigkeit verringert. Der Stahl muß dann stärker angelassen werden, damit die Zähne nicht brechen. Der Vorteil der größeren relativen Schneidhaltigkeit wird dadurch wieder rückgängig gemacht.

Zur Vergrößerung der Zähigkeit dienen Vanadium (V) und Nickel (Ni). Und zwar verringert Vanadium die Empfindlichkeit des Stahles gegen Überhitzung; überhitzter Stahl verliert seine Zähigkeit (Abschn. 3.22). Größere Zähigkeit bedeutet, daß die Zähne des Sägeblattes erst bei größerer Anlaßhärte brechen, daß also die Schneidhaltigkeit vergrößert werden kann. Nickel vergrößert auf jeden Fall, d. h. auch bei richtig gehärteten Stählen, die Zähigkeit. Außerdem setzt es ebenso wie Vanadium die Empfindlichkeit gegen Überhitzung herab. Dadurch ist Nickel berufen, bei Bandsägeblättern an Stelle von Vanadium zu treten.

Seit mehr als zwei Jahrzehnten werden vereinzelt auch höher legierte Stähle verwendet. Ein Zusatz von einigen Prozenten W, auch zusammen mit Cr und V, scheint die Schneidhaltigkeit auf das Doppelte bis Dreifache zu steigern, ohne daß die Schränkbarkeit beeinträchtigt wird. (S. in Abschn. 9.21 die Arbeit von Lotte und Lamiaux, den Aufsatz „Höchstleistungswerkzeuge ...", und das Patent von Schoeller-Bleckmann; ferner in Abschnitt 9.3 den Aufsatz von Löffler. Der Ni-Gehalt im Bandsägenstahl wird vielfach bis 2 % erhöht.

2.13. Der Einfluß der Erschmelzung

Ein zweites Kennzeichen für die Qualität des Stahles ist seine Reinheit. Sie hängt davon ab, in welcher Art Ofen und mit welcher Sorgfalt er erschmolzen ist. Nach der Erschmelzung unterscheidet man einerseits „Siemens-Martin-Stahl", kurz „SM-Stahl" genannt, und anderseits Tiegel- und Elektrostahl.

Tiegel- und Elektrostahl sind reiner als SM-Stahl, d. h. besonders, daß ihr Gehalt an Phosphor (P) und Schwefel (S) kleiner ist, wie aus der Übersichtstafel zu ersehen ist. Sie sind natürlich auch teurer. Die Herstellung des reineren Stahles in Tiegeln ist älter und geht nur in kleinen Mengen. Tiegelstahl ist heute fast vollständig von dem gleichwertigen Elektrostahl verdrängt. Die empfehlende Angabe „Tiegelstahl" oder „Tiegelgußstahl" in Preislisten über Sägeblätter ist ein Überbleibsel aus einem überholten Stand der technischen Entwicklung. Sie entspricht fast nie der Wirklichkeit.

Nach DIN 5134 ist S M - S t a h l nur sehr beschränkt für Holzsägeblätter zugelassen. Für Bandsägeblätter dürfen zwar nach Blatt 1 alle drei Stahlqualitäten SM-Stahl sein. Zur Bedingung gemacht ist aber, daß der SM-Stahl dann denselben höheren Reinheitsgrad aufweist, der sonst gerade für Elektrostahl kennzeichnend ist. Bei allen anderen Holzsägeblättern dagegen darf SM-Stahl nach Blatt 1 höchstens unlegiert verwendet werden.

Blatt 2 und 4 von DIN 5134 legen die Stahlauswahl für die einzelnen Sägenarten fest. Blatt 2 betrifft die Zug- und Bügelsägeblätter. Es ist im Juni 1943 als „DIN-Einheitsblatt" gedruckt erschienen. Nach diesem Blatt ist SM-Stahl nur für die einfachste Form der Zug- und Bügelsägeblätter, die sogenannte „Form A", zugelassen. Die Zulassung gilt nur für die niedrige, geringwertige „Härte B" und nur, wenn ausdrücklich SM-Stahl bestellt wird. (Siehe auch die Arbeit von S t r e h l k e in Abschnitt 9.0.)

Auf Gatter- und Kreissägeblätter beziehen sich Blatt 3 und 4 von DIN 5134. Nach den Entwürfen vom April 1942 (für Deutschland 1946 als Norm erschienen) ist für diese Sägeblattarten SM-Stahl überhaupt nicht zugelassen. (Siehe auch den Aufsatz „Kreissägenversuche" in Abschnitt 9.21.)

Dem Blatt 1 von DIN 5134 ist ein „Beiblatt", ebenfalls vom Juli 1944, beigefügt. Dieses Blatt ist nach dem Kriege, nämlich im Juni 1947, in

Deutschland als endgültige Norm erschienen. In dem Beiblatt sind alle wichtigen Holzsägenarten, 38 an der Zahl, aufgeführt. Bei jeder Sägenart ist angegeben, welche der drei Stahlqualitäten dafür in Frage kommen. Nach dieser Übersicht ist SM-Stahl außer für Zug- und Bügelsägeblätter auch noch für die Blätter folgender Sägenarten zulässig:

Alle Arten von Handsteifsägen
Mühlsägen
Kopfsägen.

Die vielfach übliche Verwendung von SM-Stahl für die Blätter von Brennholz-Kreissägen ist nicht zugelassen.

Die Reinheit des Stahles kann auch durch Schlackeneinschlüsse schwer beeinträchtigt werden, und zwar auch bei Elektrostahl: Vom Gießen her befindet sich im oberen Ende eines jeden Stahlblockes Schlacke. Deshalb wird das obere Ende vor dem Warmwalzen als „verlorener Kopf“ entfernt. Ist zu wenig abgeschnitten worden, dann weisen die Bleche nach dem Walzen Schlackeneinschlüsse auf. Sie äußern sich meistens in „Spaltigkeit“ und in Zahnbrüchen.

Schlackeneinschlüsse sind der Schrecken der Sägenfabriken. Sie sind weit mehr gefürchtet als Schwefel und Phosphor. Denn, ob eine Charge zu viel Schwefel oder Phosphor enthält, das kann man durch die Analyse eines beliebigen Stahlstückes feststellen, das aus dieser Charge stammt. Schlackeneinschlüsse dagegen treten, wenn überhaupt, nicht bei allen Blechen einer Charge auf, sondern nur bei einer Teilmenge. Und bei den fehlerhaften Blechen wieder sind nicht alle, sondern nur einzelne Stellen schlackenhaltig. Infolgedessen können in der Sägenfabrik Schlackeneinschlüsse sehr oft erst durch das vollständige

Schränken der fertigen Sägen festgestellt werden; und sehr oft verlassen schlackenhaltige Sägeblätter die Sägenfabrik überhaupt unbemerkt. Nur die Sorgfalt des Stahlwerkes kann diesem großen Übel begegnen. Ein objektiver Maßstab für Schlackeneinschlüsse ist erst in den „Gefüge-Richtreihen" von Diergarten (siehe sein Buch in Abschnitt 9.21) geschaffen worden.

Sägenverbraucher und Sägenhersteller rühmen die schwedischen Stähle für Holzsägeblätter. Die Vorzüge der Stähle führender schwedischer Werke liegen in ihrer besonders großen Reinheit. Die Zähne brechen nicht so leicht beim Schränken und die Bandsägeblätter halten länger. Die inländischen Stähle, auch die Elektrostähle, der Kriegs- und Nachkriegszeit stehen den schwedischen an Reinheit nach. Deshalb wird seit Kriegsende Bandstahl für Bandsägen in beträchtlichen Mengen aus Schweden eingeführt.

2.2. Die Anlieferungsformen des Holzsägenstahles

2.21. Die vier Anlieferungsformen

Früher wurden alle Sägeblätter geschmiedet, und zwar aus Stabstahl. Die Herstellung der Sägeblätter war ein Handwerk. Die, die es ausübten, hießen „Sägenschmiede".

Um die Mitte des vorigen Jahrhunderts begann man, den Sägenstahl in glühendem Zustand nicht nur auf Stabdicke, sondern gleich auf Sägeblatt-Dicke auszuwalzen. Dadurch, daß die Warmwalzwerke jetzt Sägenstahl bis zu Dicken unter 1 mm liefern konnten, war die Grundlage für eine fabrikmäßige Herstellung der Sägeblätter, also für die „Sägenindustrie", geschaffen.

Der Stahl kühlt beim Walzen auf Sägeblatt-Dicke sehr schnell aus. Er kann deshalb nur in einer Länge von wenigen Metern, d. h. nur in

Form von Tafeln, bis auf Blattdicke warmgewalzt werden. Die Stahltafeln werden in der Sägenindustrie als „Bleche" bezeichnet.

Sägenstahl kann auch in Bändern bis über 100 m Länge warmgewalzt werden. Nur liegt dann die erzielbare Mindestdicke des warmgewalzten Bandes wesentlich über der Sägeblatt-Dicke. Sie hängt von der Breite ab, etwa gemäß den ersten drei Spalten („Grenzwerte") der nachfolgenden Zahlentafel.

Grenzwerte			Gemessene Werte		
Breite mm	Mindestdicke mm	Dickentoleranz mm	Breite × Dicke mm × mm	Ringgewicht kg	Bandlänge m
20 bis 60	1,5	±0,15	40 × 1,5	50	107
(60) bis 80	1,75	±0,15	80 × 2	67	54
(80) bis 100	1,75	±0,15	85 × 2,5	67	40
(100) bis 115	2	±0,2			
(115) bis 150	2,5	±0,2	125 × 3,5	83	24
(150) bis 180	2,5	±0,25	160 × 2,5	116	37
(180) bis 200	3	±0,3	190 × 3	116	26

Vorstehende „Grenzwerte" sind Angaben des Warmwalzwerkes Kindberg der Österreichisch-Alpinen Montangesellschaft aus dem Jahre 1941. Die Dickentoleranzen nach DIN 1016 „Bandstahl warmgewalzt", Neuentwurf vom Mai 1939, sind teilweise kleiner, z. B. nur ± 0,2 für 200×3.

In den übrigen drei Spalten sind den Grenzwerten tatsächliche Werte gegenübergestellt, die im Jahr 1949 in einem Kaltwalzwerk an Warmband-Ringen gemessen worden sind, die aus dem genannten Warmwalzwerk stammten. Danach steigt das Ringgewicht mit der Breite, aber nur unterproportional. Die gemessenen Dicken liegen teilweise erheblich über der „Mindestdicke". Das erklärt sich in den meisten Fällen dadurch, daß größere Dicken bestellt worden waren. Das anschließende Kaltwalzen verbessert nämlich das Gefüge und die Oberfläche, aber nur bei hinreichend großer Abnahme.

Der Querschnitt der meisten Holzsägeblätter kann dem Bandstahlplan (in Abschnitt 1.4) entnommen werden. Ein Vergleich mit den vorstehenden Warmband-Querschnitten zeigt, daß die Blattdicken um 1 bis 2 mm unter den Mindestdicken des Warmbandes liegen. Deshalb wurde Bandstahl erst in dem Augenblick für die Herstellung der Sägeblätter verwendbar, als man dazu überging, Sägenbandstahl nach dem Warmwalzen noch in Kaltwalzwerken, d. h. ohne vorherige Erwärmung, auf geringere Dicke herunterzuwalzen. Anschließend wird der Bandstahl im Kaltwalzwerk auch noch gehärtet und meist noch blankpoliert. Dieser dritte Abschnitt in der Entwicklung der Form des Sägenstahles begann um das Jahr 1870 herum. Die Einführung des kaltgewalzten und fertiggehärteten Bandstahls in die Sägenindustrie war ein weiterer entscheidender Schritt zur Serienfertigung hin.

Heute wird der Sägenstahl den Scheren der Sägenfabriken überhaupt nur mehr in Fertigdicke zugeführt, also entweder in der Form von warmgewalzten, gebeizten „Blechen" oder von kaltgewalzten, gehärteten und meist blankpolierten Bändern.

Auch das Vormaterial der Laubsägeblätter ist der Form nach Bandstahl. Doch handelt es sich dabei nicht um kaltgewalztes Warmband, sondern um kaltgewalzten oder, wie man in diesem Fall sagt, „geplätteten" Draht.

2.22. Die Größe der Bleche

Die Bleche werden so bemessen, daß einerseits ihre Handhabung noch leicht ist, anderseits aber Preisaufschläge infolge von Unterbreiten vermieden werden. Das bedeutet, daß eine Breite von etwa 350 mm nicht unterschritten und eine Länge von 2000 mm nicht wesentlich überschritten werden soll.

So haben Bleche für Gattersägeblätter die Länge des Blattes (1000 bis 2000 mm) und eine Breite um 700 mm herum. Besonders zweckmäßig ist die Breite 720 mm, weil sich aus ihr fast ohne Abfall nicht weniger als sieben vorkommende Blattbreiten herstellen lassen: 80, 90, 100, **120**, **140**, 180 und 240 mm. Die Breiten 120 und 140 mm sind Önorm- und DIN-Breiten für Gattersägeblätter.

Bleche für Kreissägeblätter über 350 mm Durchmesser werden nicht breiter bemessen als der Durchmesser. Der Länge nach werden so viele Durchmesser aneinander gereiht, daß ungefähr eine Gesamtlänge von 2000 mm erreicht wird. Für den Schneidabfall werden etwa 5 mm je Sägeblatt zugerechnet. Das Vormaterial für Kreissägeblätter von 1 m Durchmesser und darüber wird vielfach schon im Warmwalzwerk rund geschnitten (zu „Ronden") und mit einer Bohrung versehen.

Die Bleche müssen um 0,1 bis 0,2 mm dicker sein als die Sägeblätter. Dadurch wird der Dickenverlust ausgeglichen, der beim Glattschleifen (Abschnitt 3.42) eintritt.

2.23. Die Abmessungen des gehärteten Bandstahls

Der gehärtete Bandstahl für Holzsägeblätter wird in der Breite des fertigen Sägeblattes bezogen, d. h. gemäß dem schon wiederholt erwähnten Bandstahlplan (Abschnitt 1.42). Sollen aus dem Bandstahl gebauchte Sägen geschnitten werden, so müßte zu der größten Blattbreite für den Schneidabfall ein Übermaß von 3 mm hinzugerechnet werden. Da einige Millimeter aber noch im Bereich der Breitentoleranz des Blattes liegen, kann die Nennbreite des Blattes zugleich als Nennbreite für den Bandstahl dienen. Für trapezförmige Sägeblätter, wie sie Fuchsschwänze und andere Steifsägen aufweisen, muß der Bandstahl so breit sein, wie beide Seiten des Trapezes zusammen (Abschnitt 5.2). Gehärteter Bandstahl für Holzsägeblätter ist in beliebigen Breiten bis 250 mm und in beliebigen Dicken bis 3 mm erhältlich.

Der gehärtete Sägenbandstahl ist bei der Lieferung zu Ringen von etwa 600 mm Außendurchmesser zusammengerollt. Die Länge der Bänder folgt bei gegebenem Querschnitt aus dem Gewicht des Ringes. Wie früher (in Abschnitt 2.21) in Beispielen gezeigt, steigt das Ringgewicht des Warmbandes, wenn die Bandbreite von 40 bis 200 mm steigt, etwa von 50 auf 120 kg. Der beim Kaltwalzen, Härten und Polieren entstehende Abfall verringert das Ringgewicht um 5 bis 10 %. Die Bandlängen liegen dementsprechend zwischen 200 und 300 m.

Soll das Band nach dem Härten schmäler sein als 40 mm, dann wird es gewöhnlich in der doppelten oder dreifachen Breite kaltgewalzt und vor dem Härten gespalten. Dadurch wird das Ringgewicht entsprechend kleiner.

2.3. Die Auswahl der Anlieferungsform des Stahles

Jede Sägenfabrik steht immer wieder vor der Frage, ob sie eine bestimmte Art Sägeblätter aus Blech oder Bandstahl herstellen soll. Für die Entscheidung dieser Frage sind fünf verschiedene Gesichtspunkte maßgebend:

1. Beschaffbarkeit der betreffenden Abmessungen,
2. vorhandene Erzeugungseinrichtungen,
3. Wirtschaftlichkeit der Lagerhaltung,
4. Wirtschaftlichkeit der Verarbeitung,
5. Güte des Gefüges und der Oberfläche.

2.31. Beschaffbarkeit der betreffenden Abmessungen

Ein Überblick darüber, welche Blattabmessungen überhaupt in Frage kommen, ist schon früher (in Abschnitt 1.42) durch die Tafel „Größenklassen der Holzsägeblätter" gegeben worden. Aus dieser Tafel folgt, daß für einige Größenklassen überhaupt nur eine einzige Stahlform verwendbar oder beschaffbar ist:

Für Laubsägeblätter nur geplätteter Draht,
für Bandsägen nur Bandstahl,
für Kreissägeblätter über 250 mm ∅ nur Blech.

Eine Auswahlmöglichkeit besteht also überhaupt nur bezüglich der beiden mittleren Breitenklassen (4 bis 100 und 100 bis 250 mm) und bezüglich der Längen unter 3 m.

Für viele Länder wird diese Auswahlmöglichkeit noch dadurch eingeengt, daß Bandstahl der dritten Breitenklasse (100 bis 250 mm), d. h. gehärteter Bandstahl für Zug- und Gattersägeblätter, nur aus dem Ausland bezogen werden kann. In Österreich kann solcher Bandstahl nur in einem einzigen Kaltwalzwerk gehärtet werden, und dieses befindet sich im Besitz einer Sägenfabrik.

2.32. Vorhandene Einrichtungen

Umgekehrt bietet die Verarbeitung von gehärtetem Bandstahl für neu zu errichtende Sägenfabriken den großen Vorteil, daß sie ihre Einrichtungen auf ein Mindestmaß beschränken können. Sie brauchen keine Öfen und Maschinen zum Härten, Schleifen und Polieren, sondern kommen im wesentlichen mit Zahnmaschinen aus.

Auf dieser Grundlage ist zwischen den beiden Weltkriegen die Sägenindustrie der österreichisch-ungarischen Nachfolgestaaten aufgebaut worden, und im zweiten Weltkrieg die italienische. Solche Sägenfabriken können dann aber Bleche überhaupt nicht verarbeiten. Sie sind deshalb, soweit sie auch mittlere und große Kreissägeblätter herstellen wollen, darauf angewiesen, sie fertig, nur ungezahnt, von anderen, also ausländischen Sägenfabriken zu beziehen.

2.33. Lagerhaltung und Schneidabfall

Vom Standpunkt der Lagerhaltung ist der Bandstahl den Blechen weit überlegen.

Das gilt insbesondere bezüglich der Länge der Blätter. Die Breite und die Dicke z. B. der Blätter für Vollgatter sind jetzt genormt. Ihre Länge aber muß in jedem beliebigen Millimetermaß zwischen 900 und 2000 mm geliefert werden, je nach den vorhandenen Gattern. Die Sägenfabriken halten Bleche in allen Längen von 100 zu 100 mm, also bis zehn verschiedene Längen (1100 bis 2000 mm) für jede Dicke vorrätig. Alle Zwischenmaße verursachen Abfall. Diesen muß der Besteller mitbezahlen. Fertigt man dieselben Blätter aus Bandstahl an, so braucht für eine jede von den drei genormten Breiten nur ein einziger Ring vorrätig zu sein, und jede beliebige Länge kann daraus ohne Abfall hergestellt werden. Der Kapitalbedarf für das Vormaterial sinkt auf einen Bruchteil.

Allerdings gibt es bei der Herstellung von Gattersägeblättern aus Blechen eine ähnliche Ersparnismöglichkeit bezüglich der Breite, wie das schon früher (in Abschnitt 2.22) gezeigt worden ist. Und zwar können aus einer Blechbreite von 720 mm nicht weniger als sieben verschiedene Blattbreiten fast ohne Abfall hergestellt werden. Diese Einsparungsmöglichkeit bei der Breite kommt aber nicht im entferntesten dem Vorteil der großen Bandlänge gleich.

Nur bei ganz kleinen Blattflächen, nämlich bei kleinen Kreissägeblättern, ist ein solcher Ausgleich halbwegs gegeben. Darum haben sich bei den Kreissägeblättern auch unter 100 mm Durchmesser bis heute Bleche neben Bandstahl als Ausgangsmaterial halten können, wie in dem Schaubild „Größenklassen“ (in Abschnitt 1.42) angedeutet ist.

Bezüglich der Dicke bietet die Lagerhaltung von gehärtetem Bandstahl keinen Vorteil gegenüber den Blechen. Das gilt aber nur so lange, bis sich die Sägenfabrik dazu entschließt, ihrem Betrieb ein eigenes Kaltwalzwerk anzugliedern. Sie braucht dann für alle Fertigdicken einer bestimmten Bandbreite nur eine oder zwei Warmbanddicken vorrätig zu halten. Die dadurch erzielbare weitere Verkleinerung des Rohstofflagers deckt einen erheblichen Teil der Kosten, die durch die Errichtung eines Kaltwalzwerkes entstehen.

Das fabrikeigene Kaltwalzwerk beseitigt auch den einzigen Nachteil, welchen die Lagerhaltung von gehärtetem und blankpoliertem Bandstahl bietet. Solcher Bandstahl kann nämlich, wenn er mangelhaft eingefettet ist, bei längerer Lagerung rosten.

Für die österreichischen Sägenfabriken spielen die Vor- und Nachteile der Lagerung eine unvergleichlich größere Rolle als für die deutschen Sägenfabriken. Denn mehr als 90 % von diesen haben ihren Sitz in Remscheid und Umgebung, und die dortigen Stahlwerke und Kaltwalzwerke nehmen ihnen die Last der Lagerhaltung ab. Der Remscheider Sägenhersteller kann innerhalb eines einzigen oder weniger Tage jede gewünschte Tafel- oder Bandabmessung geliefert bekommen. So erklärt es sich auch, daß in ganz Deutschland nur ein einziger von allen rund 200 Sägenherstellern ein eigenes Kaltwalzwerk besitzt, in Österreich aber drei von acht.

2.34. Wirtschaftlichkeit der Verarbeitung

Spann- und nicht gebauchte Bügelsägeblätter haben eine Breite von 40 oder 50 mm und eine Länge von 700 bis 1000 mm. Sie sind 0,6 bis 0,8 mm dick. Ein Blatt wiegt dementsprechend 100 bis 300 Gramm. Solche leichten Blätter lediglich durch das Zahnen und Ablängen von gehärtetem und poliertem Bandstahl herzustellen, ist weit einfacher und wirtschaftlicher, als sie vor dem Zahnen erst aus Blechen auszuschneiden, einzeln zu härten, anzulassen, zu schleifen und zu polieren. Deshalb werden heute alle Arten leichter Handsägeblätter nur mehr aus Bandstahl hergestellt, wie in der Übersichtstafel „Größenklassen" (in Abschnitt 1.42) angedeutet.

Bei Blattbreiten über 100 mm, die naturgemäß auch mit größeren Dicken verbunden sind, spielt der Stahlpreis im Verhältnis zu den Verarbeitungskosten eine größere Rolle als bei den leichten Querschnitten. Auch das Stückhärten ist dann nicht mehr so unwirtschaftlich. Anderseits können gehärteten Bandstahl über 100 mm nur wenige Kaltwalzwerke herstellen, und diese lassen sich ihn entsprechend hoch bezahlen. So kommt es, daß bei der Herstellung der Trumm-, Zug- und Gattersägeblätter sowie der im Aussterben begriffenen Spaltsägeblätter immer noch die Verarbeitung von Blechen weit überwiegt.

2.35. Gefüge und Oberfläche

Wenn eine Sägenfabrik überhaupt die Wahl zwischen Blechen und Bandstahl hat (Punkt 2.31 und 2.32), dann darf die Wirtschaftlichkeit der Herstellung allein (Abschnitt 2.33 und 2.34) noch nicht den Ausschlag geben. Sehr wesentlich ist auch, wie sich die beiden Stahlformen im Gebrauch der Säge bewähren, d. h. die Güte des Blattes. Die Stahlgüte hängt bei gleicher Erschmelzungsart und Zusammensetzung besonders von dem Vergütungsgefüge und von der Glätte der Oberfläche ab. In dieser Hinsicht ist wohl dem Bandstahl der Vorzug zu geben, zumal wenn die Stückhärterei der Sägenfabrik nicht ganz auf der Höhe ist. Die Begründung hierfür kann erst gegeben werden, wenn das Vergüten und Polieren der Sägeblätter besprochen worden ist (Abschnitt 4.46 und 4.65).

Bei der Normung des Werkstoffs muß auf möglichst große Brauchbarkeit der Erzeugnisse Bedacht genommen werden. Die wiederholt erwähnte Neubearbeitung des Normblattes DIN 5134 vom Juli 1944 läßt Bleche und Bandstahl als gleichwertig zu. Schon früher (am Ende des Abschnittes 2.1) war von dem „Beiblatt“ zu Blatt 1 die Rede, in welchem für 38 Holzsägenarten einzeln angegeben ist, welche von den drei genormten Stahlqualitäten in Frage kommen. Bei jeder von diesen Sägenarten nun ist zusätzlich angegeben, ob als Werkstoff Blech oder Bandstahl oder beides wahlweise in Frage kommt. Diese Angaben sind „als Richtlinie für die Sägenhersteller“ bezeichnet. Sie decken sich im wesentlichen mit den durch Schraffierung ausgedrückten Angaben in dem Schaubild „Größenklassen“ (in Abschnitt 1.42).

2.4. Die Zahnspitzen aus Hartmetall

Die Zähne der Holzsägeblätter sind in der Regel aus einem Stück mit dem Blattkörper. Die bisher beschriebenen Stahlarten sind für solche massive Sägeblätter bestimmt, also nicht nur für den Blattkörper, sondern auch für die Schneiden.

Bei Kreissägeblättern für Metall ist seit langem noch eine andere Ausführung sehr verbreitet. Bei dieser sind die Zähne, mindestens die Zahnspitzen, aus einem höherwertigen und daher teureren Werkstoff hergestellt als der Blattkörper. Die Zähne oder Zahnspitzen werden in ihn „eingesetzt".

Schon vor einigen Jahrzehnten sind Versuche gemacht worden, auch Kreissägeblätter für Holz mit eingesetzten Zähnen (Zahnspitzen) aus Hartmetall zu versehen (siehe in Abschnitt 9.21 den Aufsatz von Allen aus dem Jahre 1931). „Hartmetall" heißen gesinterte Metallkarbide (siehe die AWF-Schrift in Abschnitt 9.24). Am bekanntesten sind die Wolframkarbide, welche die Firma Krupp unter der Firmenmarke „Widia" in den Handel gebracht hat (nach dem Anfang der beiden Wörter „wie Diamant").

Die Standzeit von Schneiden aus Hartmetall ist unvergleichlich größer als die von gehärteten Stahlschneiden. Trotzdem ist bis vor kurzem die Verwendung von Hartmetallzähnen zum Schneiden von Holz über gelegentliche Versuche nicht hinausgekommen. Schuld daran waren die hohen Kosten der Hartmetalle. Ein entscheidender Wandel ist erst in den letzten Jahren eingetreten, als man die Entdeckung machte, daß aus anderen Gründen (kleinerer Kraftverbrauch, Rückschlagsicherheit, auch größere Standzeit) für den Längsschnitt von Holz zahnarme Kreissägeblätter, bis herunter zu acht Zähnen, vorzuziehen sind (siehe Abschnitt 3.35).

Jetzt werden zahnarme, rückschlagsichere Kreissägeblätter mit Zahnspitzen aus Hartmetall, sogenannte „RSH-Blätter", in Deutschland von der Firma Wilhelm Grupp („Wigo") in Oberkochen und in Österreich von der Firma Wüster & Co. in Wieselburg hergestellt. Die Hartmetallzähne werden in Blätter aus unlegiertem, gehärtetem Sägenstahl eingelötet. Sie sind naturhart, werden also nicht gehärtet.

Solche RSH-Blätter haben eine Standzeit von 100 bis 1000 Stunden. Von ganz besonderem Vorteil sind sie für das Schneiden sehr harter Hölzer und vieler Arten von Kunststoffen (siehe die Aufsätze von Dinglinger und Kaiser in Abschnitt 9.24).

3. Die Herstellung der Holzsägeblätter aus Blechen

3.1. Das Zuschneiden der Blechsägeblätter

3.11. Das Zuschneiden der Gattersägeblätter

Gattersägeblätter werden auf Tafelscheren zugeschnitten. Die Schere soll eine Schnittlänge von mindestens 2 m haben, damit ein einziger Schnitt genügt. Auch Niederhalter sind erforderlich. Sind diese beiden Bedingungen nicht erfüllt, kann die Schnittlinie winkelig oder krumm werden. Ein Anschlag soll dafür sorgen, daß der Streifen an beiden Enden gleich breit wird.

3.12. Das Zuschneiden der Kreissägeblätter

Rechteckige Bleche für Kreissägeblätter werden auf einer Tafelschere in Quadrate zerlegt. Dann werden sie auf einer Presse mit einem Mittelloch versehen.

Zum Rundschneiden kommen die gelochten Quadrate zur Tafelschere zurück. Sie werden mit der Bohrung auf einen Dorn aufgesteckt und unter der Tafelschere durchgedreht. Allerdings sind sie dann nicht genau rund, sondern vieleckig. Doch wird diese Ungleichheit durch das Zahnen beseitigt. Zum Rundschneiden der gelochten Quadrate können auch Kreisscheren verwendet werden.

Die Bleche für große Kreissägeblätter werden vielfach in der Form von Ronden, auch bereits gebohrt, bezogen. Falls die Sägenfabrik den Eckenabfall für andere Erzeugnisse verwenden kann, ist es für sie wirtschaftlicher, die Bleche selbst rundzuschneiden.

3.13. Das Zuschneiden der Zugsägeblätter

Auch die Krümmung von Zugsägeblättern wird auf Kreisscheren geschnitten. Der Krümmungshalbmesser beträgt 1 bis 6 m. Die Blechtafel muß am Ende eines drehbaren Auslegers dieser Länge oder auf einer entsprechend geführten Kulisse befestigt werden.

Stark gekrümmte Zugsägen, sogenannte „Bauchsägen", pflegt man mit „hohlem", d. h. eingezogenem Rücken zu versehen. Eine solche Form erleichtert es, hinter dem Rücken der Säge einen Keil in die Schnittfuge hineinzutreiben. Blätter mit hohlem Rücken können mittels einer Kreisschere fast ohne Abfall aus den Blechen geschnitten werden, wenn man den Schnitt gemäß Abb. 7 führt.

Auch bei der Verwendung schwerer Pressen mit Vollschnitt ist eine solche Schnittführung möglich.

Zur Not kann die Krümmung der Zugsägeblätter auch mittels ortsfester Handhebelscheren, sogenannter „Stockscheren“ ausgeschnitten werden. In diesem Falle muß das Blech vorher auf der Tafelschere in Streifen von Zugsägenbreite (plus „Rückenholung“) zerschnitten

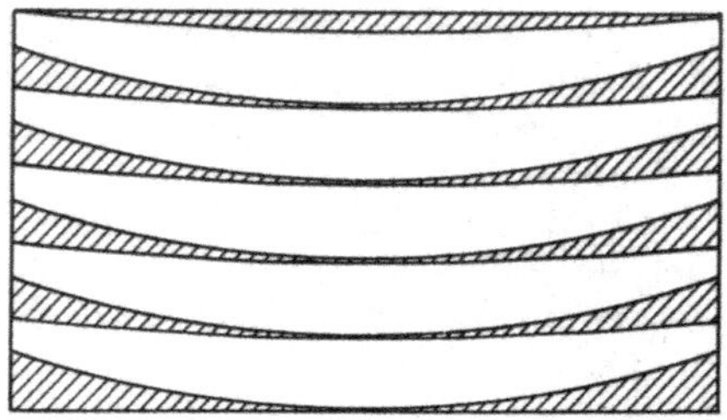

Abb. 7. Blechaufteilung für Zugsägen

werden. Die Krümmung wird mit Kreide auf den Streifen vorgezeichnet. Man umfährt dazu Blechschablonen, welche ungezahnten Zugsägeblättern gleichen. Ein verlustloses Schneiden hohler Rükken ist mit Handhebelscheren ausgeschlossen.

3.2. Das Härten und Anlassen der Blechsägeblätter

Die zugeschnittenen Blechstücke werden noch vor dem Zahnen vergütet, d. h. durch Härten und Anlassen auf eine größere Härte gebracht. An sich könnte das Sägeblatt auch erst nach dem Zahnen gehärtet werden. Aber die stärkere Beanspruchung der Zahnschnitte wird in Kauf genommen, um eine Überhitzung der Zähne und Härterisse am Zahngrund zu vermeiden.

Der Härtevorgang besteht bekanntlich darin, daß das Blechstück in einem Härteofen auf Härtetemperatur gebracht und nachher in einem Abschreckbad plötzlich abgekühlt wird. Die auf diese Weise erzielte Härte ist aber allzu groß; der Stahl ist spröde. Deshalb muß das Sägeblatt nachher durch nochmaliges, geringeres Erhitzen wieder „angelassen“, d. h. auf eine mittlere Härte zurückgeführt werden.

3.21. Die Härteöfen

Zur Erhitzung der zu härtenden Sägeblätter werden Kammeröfen verwendet, die durch Gas, Öl, Koks oder elektrischen Strom geheizt werden. Infolge der wechselnden Brennstofflage während der letzten Jahre kann man in einer österreichischen Sägenfabrik um ein einziges Abschreckbad herum drei Härteöfen angeordnet sehen, die sich im wesentlichen nur durch die Heizart — Gas, Koks und Strom — unterscheiden. In manchen Sägenfabriken werden die Sägeblätter noch unmittelbar auf den glühenden Koks gelegt. Es handelt sich dabei um Kammeröfen, deren Herdfläche aus einem ausgedehnten Rost besteht, auf welchem der brennende Koks verteilt ist.

Die Größe der Herdfläche hängt vom Verwendungszweck des Ofens ab. Kleinere Sägenfabriken haben nur einen einzigen Härteofen. Er muß sowohl für Langsägeblätter, d. h. besonders für Zug- und Gattersägeblätter, als auch für kleine und mittlere Kreissägeblätter, d. h. für Durchmesser bis 700 mm, verwendbar sein. Solche Öfen haben eine Herdfläche von etwa 1 m × 2 m bis 1 m × 2,5 m. Sollen auch große Kreissägeblätter hergestellt werden oder solche allein, dann beträgt die Herdfläche etwa 2 m × 2 m.

Zur Erhitzung werden die Stahlstreifen oder Ronden nebeneinander auf den waagerechten Ofenherd gelegt. Bei den erwähnten offenen Koksöfen liegen also, wie schon gesagt, die Blätter unmittelbar auf der glühenden Koksschicht auf. Das ist ungünstig für die gleichmäßige Erhitzung der Blätter. Bei Kreissägeblättern, besonders bei großen, ist eine gleichmäßige Erhitzung besonders schwer zu erreichen, und zwar in jeder Art Ofen. Sie werden deshalb auf dem Ofenherd ständig gedreht. Dazu bedient sich der Härter einer am Ende gespaltenen Stahlstange, die er unter der leicht angehobenen Ofentür hindurchgesteckt hat.

Ein Zugsägeblatt wiegt 1 bis 3 kg, ein Gattersägeblatt etwa 1 bis 5 kg. Bis sie Härtetemperatur angenommen haben, dauert es einige Minuten. Die Ausbringung der beschriebenen Härteöfen beträgt je nach Herdgröße und Bauart 80 bis 250 kg/h.

Das beschriebene Härten einzelner Blätter nennt man „Stückhärten" im Gegensatz zum Härten von Sägenbandstahl am endlosen Band, dem „Bandhärten" (in Abschn. 4. 4). In Anlehnung an das Bandhärten ist nach dem Kriege in Deutschland eine Anlage gebaut worden, in welcher größere Mengen Sägeblätter auf endlosen Förderbändern im Durchlauf gehärtet werden.

3.22. Die Härtetemperatur

Holzsägenstähle müssen zum Härten auf Temperaturen zwischen 800° und 830° erhitzt werden.

Leider stößt die Messung der Temperatur der Sägeblätter beim Stückhärten auf unüberwindliche Schwierigkeiten. Zwar ist es leicht, die Raumtemperatur an verschiedenen Stellen des Ofens durch ortsfeste Thermoelemente zu messen. Im Interesse eines raschen Durchsatzes muß aber beim Herausnehmen des Sägeblattes aus dem Ofen immer noch eine beträchtliche Temperaturspanne zwischen Ofen und Sägeblatt bestehen. Deshalb kann aus der Ofentemperatur nicht auf die Stahltemperatur geschlossen werden.

Auch zwischen der Erhitzungsdauer und der Temperaturspanne besteht kein festes Verhältnis, weil noch allerlei andere Einflußgrößen die Erhitzungsdauer beeinflussen. Solche Einflußgrößen sind z. B. Anzahl, Lage und Dicke der gleichzeitig eingebrachten Blätter, räumliche und zeitliche Ausdehnung des Türöffnens, Größe und Heizwert der Brennstoffzufuhr.

Die Messung der Blattemperatur im Ofen durch Strahlungspyrometer ist undurchführbar, weil die Abgase einen Teil der Strahlung, und zwar einen ständig schwankenden, absorbieren. Außerdem ist die Blattoberfläche zu klein, um sie im Ofen mit Ganzstrahlungsmessern anvisieren zu können. Teilstrahlungsmesser wieder arbeiten viel zu langsam.

Ist das glühende Sägeblatt aus dem Ofen heraus, dann kühlt es zufolge seiner geringen Dicke zu schnell ab.

So bleibt kein anderer Maßstab für den Härter und auch für den Betriebsingenieur, als die Stahltemperatur nach der Glühfarbe zu schätzen. Wie stark aber eine solche Schätzung von der Helligkeit in der Werkstatt, von Begabung und Übung abhängig ist, ist allgemein bekannt.

Anderseits neigen alle Härter ohnehin dazu, die richtige Härtetemperatur um einen Sicherheitskoeffizienten zu überschreiten. Bei Unterschreitung der Härtetemperatur wird nämlich der Stahl überhaupt nicht gehärtet, und das kann man bemerken. Bei Überschreitung der Härtetemperatur aber wird nur das Gefüge verschlechtert, was nicht sofort unmittelbar wahrgenommen werden kann. Dazu kommt noch, daß kaum irgend ein anderes zu härtendes Werkstück, von Bandstahl abgesehen, eine so geringe Dicke und eine so große Oberflächenausdehnung hat wie die Holzsägeblätter. Das bringt zwei besondere Schwierigkeiten mit sich, welche die Härter durch weitere Zuschläge zum Sicherheitskoeffizienten auszugleichen suchen:

Erstens ist es beim Stückhärten, zumal auf dem Koksherd, nicht möglich, eine gleichmäßige Erhitzung aller Teile zu erzielen. Deshalb müssen auf jeden Fall, wenn auch die am wenigsten erhitzten Stellen hart werden sollen, alle übrigen überhitzt werden. Das Weichbleiben einzelner Stellen ist bei blattförmigen Körpern oft besonders deutlich wahrnehmbar, nämlich durch Verwerfungen.

Der zweite Umstand, welcher zu einer gewissen Überhitzung zwingt, ist der Wärmeschwund zwischen Erhitzen und Abschrecken. Das dünne Blatt kühlt rasch ab, während der Härter es aus dem Ofen zieht, durch die Luft schwenkt und in den nicht ganz leicht zu treffenden Schlitz der Abschreckpresse (s. Abschnitt 3.23) hineinsteckt. Maßgebend für den Härtevorgang ist aber sebstverständlich nicht die Härtetemperatur, mit welcher das Blatt aus dem Ofen kommt, sondern die wesentlich niedrigere Temperatur, aus welcher es abgeschreckt wird.

Bei manchen Härtern gesellt sich zu der richtigen Meinung, daß der Stahl um so sicherer gehärtet wird, je höher er vor dem Abschrecken erhitzt wird, noch eine kaum ausrottbare, falsche Meinung hinzu. Nämlich die, daß der Stahl durch ein Überhitzen sogar noch härter wird.

Alle diese Umstände führen dazu, daß Überhitzungen um 100° oder mehr beim Stückhärten nicht gar so selten sind. Die Tatsache der ständigen Überhitzung springt auf den ersten Blick schon dadurch ins Auge, daß auf sehr vielen Sägeblättern, während sie glühend aus dem Ofen kommen, Überhitzungsbläschen sichtbar sind. Diese Bläschen lassen auch nach dem Erkalten Spuren zurück.

Die Überhitzung des Stahles macht das Korn des Stahlgefüges grob. Der Stahl wird spröde. Er neigt schon beim Härten zu Einrissen.

3.23. Die Abschreckbäder

Das auf Härtetemperatur erhitzte Sägeblatt muß, damit es hart wird, mit einer gewissen Mindestgeschwindigkeit abgekühlt werden. Diese rasche Abkühlung heißt „Abschrecken". Zum Abschrecken wird das glühende Blatt in ein Ölbad von etwa 20° bis 60° eingetaucht.

Das Härten ist eine bestimmte Art Gefügeänderung. Ebenso, wie das langsame Abkühlen aus der Härtetemperatur eine Gefügeänderung, natürlich eine andersartige, zur Folge hat. Bei der Entstehung des Härtegefüges dehnt sich der Stahl aus. Infolge dieser Ausdehnung, und weil die Abkühlung eines so ausgedehnten, dünnen Werkstückes ebensowenig ganz gleichmäßig sein kann wie schon die Erhitzung, ist jedes Sägeblatt mehr oder weniger bestrebt, sich beim Abschrecken zu verwerfen.

Dieses Verwerfen muß so weit wie möglich unterdrückt werden. Zu diesem Zwecke wird das Sägeblatt, solange es sich im Ölbad befindet, zwischen zwei Platten aus Stahl oder Gußeisen zusammengepreßt. Diese beiden Platten bilden den Hauptbestandteil der Abschreckpresse oder „Quette". Sie ist in das Ölbad fest eingebaut. Die Preßplatten werden von Hand — nämlich durch eine Schraubenspindel oder durch einen Hebelmechanismus — oder hydraulisch zusammengepreßt. Ihre Oberflächen stehen senkrecht oder schräg. Dadurch, daß sie nicht waagerecht stehen, wird die Einführung der Blätter erleichtert und Raum gespart.

Die Preßplatten sind länglich für Langsägeblätter und rund für Kreissägeblätter. Für mittlere und große Kreissägeblätter sind zwei verschieden große Pressen notwendig. Die Preßplatten müssen gerippt und durchbrochen sein, damit das Öl unmittelbar an das Blatt heran kann.

Jedes Sägeblatt bleibt so lange in der Presse, bis das nächste Blatt aus dem Ofen kommt. In dieser Zeit gibt es fast seinen ganzen Wärmeinhalt an das Öl ab. Die große Wärmemenge, welche die Stundenausbringung von 80 bis 250 kg glühenden Stahles dem Öl zuführt, muß aus dem Öl wieder laufend entfernt werden. Das geschieht durch Umlaufkühlung. Drei verschiedene Anordnungen sind üblich: Entweder pumpt man laufend das heiße Öl in einen zweiten Ölbehälter, der sich in einem Nebenraum befindet, d. h. man vergrößert sozusagen den Abschreckbehälter. Oder man läßt das heiße Öl durch Kühlschlangen laufen, die in einem Wasserbehälter von Kühlwasser umspült sind. Oder man legt schließlich Kühlschlangen in das Abschreckbad und schickt kaltes Wasser hindurch.

Wenn das Öl selbst umläuft, ist aber wohl gleichzeitig auch dem Wärmeausgleich im Abschreckbad besser gedient. Zu demselben Zwecke werden Abschreckpressen für Langsägen heute so gebaut, daß fünf Paar Abschreckplatten auf einer einzigen Welle sternförmig angeordnet sind. Sobald ein Blatt in ein Plattenpaar eingebracht ist, wird die Welle um eine Fünftel-Umdrehung weitergedreht. Diese Konstruktion hat den weiteren Vorteil, daß die Sägeblätter fünfmal so lang im Ölbad bleiben können, ohne den Arbeitstakt zu stören. Die lange Dauer des Abkühlens unter Druck ist günstig für die Vermeidung von Verwerfungen.

Nach dem Abschrecken müssen die Blätter von dem anhaftenden Öl befreit werden. Dazu werden sie entweder mit Sägespänen abgescheuert oder durch Abstreifer hindurchgezogen.

3.24. Das Anlassen der Blätter

Bis vor zwei Jahrzehnten hat man Holzsägeblätter in denselben oder in ähnlichen Kammeröfen angelassen, in welchen man sie gehärtet hat.

Heute verwendet man Salzbäder, und diese werden überwiegend elektrisch geheizt. Solche Salzbäder haben einen doppelten Vorteil: Man kann die beabsichtigte Temperatur genau einhalten, und die Temperaturunterschiede innerhalb des Blattes sind klein. Große Kreissägeblätter muß man allerdings im Bade ebenso bewegen, wie es schon im Härteofen notwendig war.

Ebenso wie beim Abschrecken werden die Sägeblätter auch während des Anlassens zwischen Platten aus Stahl oder Gußeisen gepreßt. Dadurch sollen Verwerfungen, die die Blätter beim Härten bekommen haben, beseitigt und neue Verwerfungen vermieden werden. Die Anlaßpressen weisen aber oft zwei grundsätzliche Unterschiede gegenüber den Härtepressen auf: Sie sind nicht fest in das Bad eingebaut, und sie nehmen nicht nur ein einzelnes Blatt auf, sondern gleichzeitig bis 100 Stück oder bis 300 kg. Die anzulassenden Blätter werden außerhalb des Ofens zwischen den beiden Preßplatten durch Schrauben zusammengespannt, und das Paket wird als Ganzes in das Bad eingesetzt. Nach einigen Minuten müssen die Spannschrauben nachgezogen werden. Dieses Nachziehen der Schrauben wiederholt sich mehrere Male während eines Einsetzens.

Wenn das Sägeblatt-Paket in das Anlaßbad eingebracht ist, beginnt die Badtemperatur zuerst rasch, dann langsamer zu sinken. Sobald das Bad und die Blätter dieselbe Temperatur angenommen haben, steigt die Temperatur wieder. Man läßt das Paket gerade so lang im Bad, bis dessen Anfangstemperatur wiederhergestellt ist. Die Erwärmung des Paketes dauert so etwa eine halbe bis zwei Stunden. Infolge dieser langen Erwärmungsdauer kann angenommen werden, daß die Anlaßendtemperatur des Stahles gleich der Badtemperatur ist. Die niedrigste Temperatur, bis zu welcher das Bad durch das Einsetzen des Stahlpaketes abgekühlt wird, hängt von dem Verhältnis des Paketgewichtes zum Salzgewicht ab. Die Temperaturminderung beträgt dementsprechend etwa 15%.

Gleichmäßige Temperaturverteilung kann auch in Luftumwälzungsöfen erzielt werden. Man hat versucht, auch solche Öfen zum Anlassen der Holzsägeblätter zu verwenden. Aber die dünne und großflächige Form der Sägeblätter bringt es mit sich, daß das Anlassen mit Luftumwälzung ein Mehrfaches der Zeit verlangt, die im Salzbad erforderlich ist.

Das aus dem Bad herausgehobene Sägeblatt-Paket wird in einem Wasserbehälter niedergelassen, um es von dem anhaftenden Anlaßsalz zu befreien. Diese Abkühlung in kaltem Wasser wird manchmal auch als absichtliches Abschrecken aufgefaßt. Es soll dann den Zweck haben, „Anlaßsprödigkeit" zu verhindern. Anlaßsprödigkeit tritt bei vielen Stählen, besonders Chrom-Nickel-Stählen, dann auf, wenn sie langsam aus der Anlaßtemperatur abgekühlt werden. Ob sie aber bei den Holzsägenstählen überhaupt zu befürchten ist, ist nicht sicher.

3.25. Die Anlaßhärte

Die erforderliche Temperatur des Anlaßbades ist davon abhängig, welche Härte die Sägeblätter nach dem Anlassen haben sollen. Die Härte der angelassenen Blätter wird mittels eines Rockwell-Apparates gemessen, und zwar nach dem sogenannten C-Verfahren. Das Wesen dieser Messung besteht darin, daß ein genormter Diamantkegel durch ein genormtes Gewicht in die Oberfläche des Prüflings eingedrückt wird. Die Eindringtiefe wird auf eine Meßuhr übertragen. Das Maß für die Härte ist aber nicht die Eindringtiefe selbst, sondern diejenige Strecke, um welche die Eindringtiefe, und zwar die nach Entlastung des Diamanten verbleibende, kleiner ist als 0,2 mm. Ein Hundertstel dieses Meßbereiches, also ein Doppel-Mikron, ist eine Härteeinheit. Die auf diese Art definierte Härte heißt „Rc-Härte" (abgekürzt: HRc), die Härteeinheit heißt „Rc-Einheit".

Unlegierter Holzsägenstahl hat, wenn er „weichgeglüht" ist, ziemlich genau die Rc-Härte 0. Sie entspricht einer Festigkeit von 55 kg/mm². Der Stahl wird aber gewöhnlich in härterem Zustand bei der Sägenfabrik angeliefert, nämlich „walzhart". In walzhartem und in „normalgeglühtem" Zustand hat er etwa 30 Rc-Einheiten (≙ 105 kg/mm² Festigkeit). Wenn der Stahl nachher gehärtet, aber noch nicht angelassen ist, dann spricht man von „Vollhärte" oder „Glashärte". Die Vollhärte des unlegierten Holzsägenstahles beträgt beim Abschrecken in Öl 63 Rc-Einheiten (≙ 250 kg/mm²). Der Stahl ist dann also fast fünfmal so fest wie in weichgeglühtem Zustand. Die Rc-Härte ist der Festigkeit keinesfalls proportional.

Bezüglich der Soll-Härte der Holzsägeblätter gilt: Je härter die Zähne einer Säge sind, um so schneid- und schrankhaltiger sind sie (gleiche Zusammensetzung des Stahles vorausgesetzt). Auch der Widerstand des Blattes gegen elastische Verformungen wächst mit der Härte, und damit auch die sogenannte „Spannung" des Blattes (s. Abschn. 3.62). Die Härte soll deswegen im allgemeinen so groß sein, wie sie nur sein kann, ohne daß beim Schränken Zähne brechen[3]. Nur bei Bandsägeblät-

[3] Allerdings ist zu beachten, daß ein Höchstmaß von Schneidhaltigkeit nicht immer mit einem Höchstmaß von Schrankhaltigkeit verbunden ist.

tern ist außer auf das Schränken auf eine noch schärfere Beanspruchung der Zähigkeit Rücksicht zu nehmen, nämlich auf das Einreißen des Zahngrundes infolge des ständigen Hin- und Herbiegens.

Nach Versuchen von Lotte und Lamiaux (s. Abschnitt 9.21) wirkt sich die Herabsetzung der Anlaßtemperatur von 500° auf 200° bei einem gegebenen Stahl (mit 12,5 % Cr) ungefähr ebenso auf die Standzeit eines Holzfräsers aus wie die Hinzufügung von 18,5 % W, 4,75 % Cr, 0,7 % Mo und 1,3 % V zu einem unlegierten Stahl von 0,8 % C.

Die Vergrößerung der Standzeit durch Vergrößerung der Anlaßhärte ist jedoch stark von der Schnittgeschwindigkeit abhängig. Nur bei kleiner Schnittgeschwindigkeit, also bei Handsägen, ist sie sehr bedeutend. In der amerikanischen Sägenfabrik Disston (s. Abschn. 9.21) wurde ein holzähnlicher Werkstoff mit Sägeblättern aus unlegiertem Stahl (mit 0,9 % C) zersägt. Als Maßstab für die Standfestigkeit wurde festgestellt, welche Werkstoffmenge zersägt werden kann, bis die Sägen stumpf sind. Es ergab sich folgender Zusammenhang:

Schnittgeschwindigkeit m/s Blatthärte Rc-Einheiten	0,76	30,5
48	160 %	100 %
62	4,5 . 160 %	120 %

Zersägte Werkstoffmenge in Abhängigkeit von Blatthärte und Schnittgeschwindigkeit

Die Soll-Härte der Zug- und Bügelsägeblätter ist in dem Einheitsblatt DIN E 5134, Blatt 2, vom

Juni 1943 vorgeschrieben. Die Härte der Gatter- und Kreissägeblätter ist den Normalentwürfen[4] DIN 5134, Blatt 3 und 4, vom April 1942 zu entnehmen. Danach gilt für die Güte A, d. h. für die bessere, härtere Ausführung:

Langsägeblätter (= Zug-, Bügel-, Gattersägeblätter)	49 ± 3 Rc-Einheiten
Kreissägeblätter	47 ± 3 Rc-Einheiten
Bandsägeblätter	42 ± 3 Rc-Einheiten

Große Kreissägeblätter müssen weicher gehalten werden als angegeben. In dem Normentwurf ist das anscheinend übersehen worden.

Um die Glashärte des abgeschreckten Blattes auf die genannte Soll-Härte zu senken, sind je nach der Zusammensetzung des Stahles, nach der gewünschten Härte und nach der Anlaßdauer Anlaßtemperaturen zwischen 300° und 550° notwendig. Durch diesen Temperaturbereich ist wieder das zu verwendende Anlaßsalz bestimmt. Man nimmt gewöhnlich Gemische von Natriumnitrat ($NaNO_3$) mit Kaliumnitrat (KNO_3).

Die nachfolgende Abb. 8 zeigt die Abhängigkeit der Härte von der Anlaßtemperatur für unlegierten Holzsägenstahl mit rund 0,8 % C. Ein Stück vom Querschnitt 50 mm × 0,6 mm ist 20 Minuten lang angelassen worden.

In Abb. 8 sind die Härte-Toleranzfelder für Lang- und Bandsägeblätter eingezeichnet. Man sieht, die vorgeschriebene Härtetoleranz von ± 3 Rc-Einheiten bedingt für die Anlaßtemperatur eine Toleranz von etwa ± 40° bei Langsägeblättern und von etwa ± 30° bei Bandsägeblättern. Manche Verbraucher und Hersteller neigen zu einer Herabsetzung der Härtetoleranz auf

[4] Für Deutschland im November 1946 als Norm erschienen.

± 2 Rc-Einheiten. Das entspräche einer Anlaßtemperaturtoleranz von ± 27° bzw. ± 20°.

Auch nach DIN 5134 ist eigentlich nicht der ganze Bereich von ± 3 Rc-Einheiten als Toleranz aufzufassen. Denn nach der genannten Norm

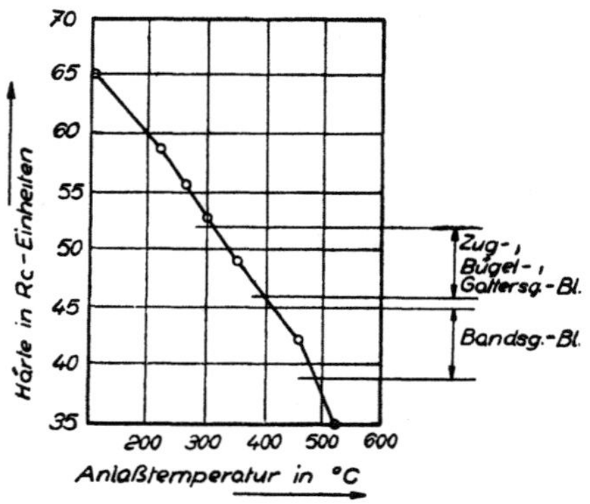

Querschnitt der Probe: 140 mm × 1,5 mm
Härtetemperatur: 820 – 830° C
Abschreckflüssigkeit: Öl
Anlaßdauer: 20 Min.

Abb. 8. Anlaßkurve für Bandstahl „Alpine WT" (unlegierter Elektrostahl für Holzsägeblätter mit 0,8 bis 0,9 % C)

sollen dünnere Blätter härter sein als dickere und Blätter aus Elektrostahl härter als Blätter aus Tiegelstahl.

Somit ergeben Temperaturfehler von einer Größe, die als Überhitzungsfehler beim Stückhärten noch als gering zu bezeichnen sind, beim Anlassen bereits unbrauchbare Sägeblätter. Das ist die Ursache, warum sich beim Härten der Holzsägeblätter bis heute das beschriebene, verhältnismäßig grobe Verfahren der Erhitzung in Kammeröfen halten konnte, während es beim Anlassen endgültig aufgegeben ist.

In den Blattenden der fertigen Gattersägeblätter müssen Löcher angebracht werden, damit Leisten oder Angeln an sie angenietet werden können. Wenn man diese Löcher bequem, womöglich durch den einzigen Druck eines Vielfach-Lochstempels, herstellen will, ist die für den Hauptteil des Blattes genormte Anlaßhärte von 49 $\pm$ 3 Rc-Einheiten zu groß. Man läßt deshalb die Blattenden auf einer Länge von 40 bis 80 mm auf etwa 38 Rc-Einheiten an.

Nach Abb. 8 wären hiefür rund 500° bei 20 Minuten Anlaßdauer nötig. Da es beim Anlassen der Blattenden nicht auf Genauigkeit ankommt, läge es nahe, ein wesentlich heißeres Bad. und darum ein Bleibad, zu verwenden, in welches die Enden nur einige Sekunden lang eingetaucht werden. Blei darf bis 1000° erhitzt werden. Aber im Hinblick auf das Gefüge empfiehlt es sich, nicht unter 5 bis 8 Minuten herunterzugehen, entsprechend einer Badtemperatur von 600°. Damit an den Blattenden kein Blei haften bleibt, wird das Blatt vorher in Kalkbrei getaucht.

Die Härtemessung liefert ein falsches Ergebnis, wenn der Stahl „weichhäutig“ ist, d. h. wenn er an der Oberfläche entkohlt ist (s. Abschnitt 3.42 und 4.66). Die wirkliche Härte ist dann größer als die gemessene. Bemerkt man den Fehler nicht, so macht man die Blätter zu hart; sie brechen dann beim Schränken oder im Gebrauch.

Zur Vermeidung solcher Fehlmessungen muß eine etwaige Weichhaut fortgeschliffen werden. In der Regel weiß man aber vor dem Messen nicht, ob angelieferte Stahlbleche oder -bänder entkohlt sind oder nicht. Deshalb empfiehlt es sich, beim Härtemessen einer jeden Serie von Blättern zusätzliche Stichproben einzuschalten, bei welchen an der Meßstelle eine Oberflächenschichte von etwa 0,1 mm fortgeschliffen wird.

Zum Abschleifen der Meßstellen eignet sich eine Handschleifmaschine mit biegsamer Welle. Sie wird oberhalb des Härteprüfers aufgehängt. Handelt es sich um Sägeblätter aus Blechen — und nicht aus zunderfrei gehärtetem Bandstahl —, so müssen diese später sowieso zum Glattmachen auf der ganzen Oberfläche abgeschliffen werden (Abschnitt 3.42). Bei solchen Blättern genügt es, wenn die Kontrollmessung erst nach dem Glattschleifen vorgenommen wird.

3.26. Die Zwischenstufenvergütung

Die bisher beschriebene, allgemein übliche Art der Vergütung ist zweistufig. Zuerst wird das Sägeblatt durch Abschreckung von rund 800° auf Raumtemperatur gehärtet, d. h. es wird ein sehr hartes, „Martensit“ genanntes Gefüge gebildet. Dann wird das Blatt in einem zweiten Arbeitsgang durch Wiedererhitzung auf rund 400° auf die gewünschte Gebrauchshärte angelassen, d. h. wieder erweicht. Der Martensit verwandelt sich dabei in ein „Anlaßgefüge“.

In den letzten Jahrzehnten, besonders im Krieg, ist noch eine andere, einstufige Art der Vergütung näher erforscht worden, die „Zwischenstufenvergütung“. Sie heißt im Ausland „Austempering“. Bei dieser Art des Vergütens wird das glühende Sägeblatt in ein Bad zwischen 350° und 450° (je nach der beabsichtigten Härte) gebracht. Dort bleibt es mindestens so lange, bis die Ausbildung des Vergütungsgefüges („Zwischenstufengefüge“, „Bainit“) abgeschlossen ist. Das dauert je nach der Temperatur und nach der Zusammensetzung des Stahles einige bis viele Minuten. Nachher läßt man das Werkstück in Luft auskühlen. Es wird also in einem einzigen Arbeitsgang vergütet. In der Abb. 9 ist der Temperaturverlauf im Werkstück bei beiden Vergütungsverfahren schematisch — nicht maßstäblich — dargestellt.

Die Zwischenstufenvergütung beläßt dem Werkstück größere Zähigkeit (Bruchdehnung) als die Martensitvergütung, gleiche Vergütungshärte vorausgesetzt. Ein solches Vergütungsergebnis ist für Sägeblätter hocherwünscht. Deswegen hat in den letzten Jahren die Zwischenstufenvergütung auch in einigen Sägenfabriken und in einigen

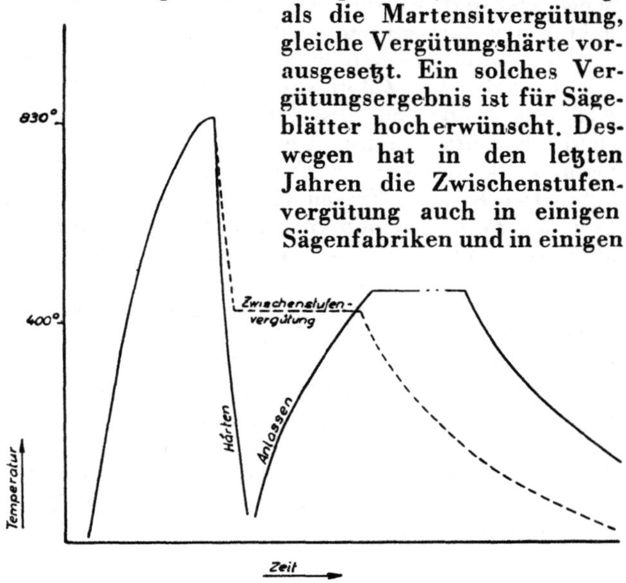

Abb. 9. Martensit- und Zwischenstufenvergütung. Temperaturverlauf im Werkstück
——— Martensitvergütung
- - - - Zwischenstufenvergütung

Kaltwalzwerken für Sägenstahl Eingang gefunden. Das Vergüten dünner Sägeblätter in geschmolzenem Blei oder Zinn war allerdings nach Zöllner (s. Abschnitt 9.3) auch schon im vorigen Jahrhundert bekannt.

3.3. Das Zahnen der Sägeblätter

Die Zähne der Holzsägeblätter sind in der Regel aus einem Stück mit dem Blatt. Aber auch wenn Zahnspitzen aus Hartmetall eingesetzt werden sollen (s. Abschnitt 2.4), muß die Stahlronde am Umfang zunächst einmal in der sonst üblichen Weise gezahnt werden. Die Schlitze für die Aufnahme der Zahnspitzen werden nachher eingefräst.

Die Zähne werden in jedem Fall dadurch geformt, daß die Zahnlücken durch irgend eine Art von Schneiden aus dem ungezahnten Blattrande herausgearbeitet werden. Drei Arten des Schneidens kommen in Frage: Auspressen durch Schnittwerkzeuge, Fräsen und Feilen. Das Fräsen und das Feilen dienen nur für Sonderzwecke. In allen drei Fällen hat das Schnittwerkzeug ganz oder teilweise dasselbe Profil wie die Zahnlücke.

Ob abgelängte Blechstücke gezahnt werden sollen oder Bandstahl in Ringen, ist unwesentlich für die Konstruktion der Zahnmaschinen. Deshalb braucht das Zahnen von Bandstahl nicht später noch einmal bei der Bandstahlverarbeitung (Hauptabschnitt 5) besprochen zu werden. Auch die Feilmaschinen werden hier (Abschnitt 3.39) gleich mitbesprochen, obwohl sie nur für geplätteten Draht verwendet werden.

3.31. Die Zahnpressen für Einzelzähne

Als Zahnpressen für Holzsägeblätter werden in Fabriken ausschließlich Exzenterpressen mit Kraftantrieb verwendet. Nur Sägewerke und Reparaturwerkstätten verwenden zum behelfsmäßigen Zahnen, insbesondere zum Nachzahnen, auch Handpressen (Spindel- und Hebelpressen).

Die Zahnpresse bewegt einen „Schnittstempel“ auf und nieder. Unter ihm wird der zu zahnende Stahlstreifen oder die zu zahnende Ronde durch den „Vorschub" um jeweils eine „Zahnteilung" weitergeschoben bzw. weitergedreht. Der Schnittstempel wird, sobald er beim Niedergang das Sägeblatt durchschnitten hat, von dem Lochrand der „Schnittplatte" umfaßt und weitergeführt. Zahnstempel und Schnittplatte bilden zusammen das „Schnittwerkzeug", den „Zahnschnitt". Die Zahnstempel werden vielfach noch fälschlich als „Zahnstanzen" bezeichnet, und auch die erwähnten Handpressen gehen noch unter diesem falschen Namen. Der Ingenieur aber versteht heute unter „Stanzen" nur Preßwerkzeuge für nichtschneidende Verformung, also z. B. zum Biegen.

Beim Zahnen muß darauf geachtet werden, daß zwischen den Zahnspitzen und dem Blattrand mindestens 1 mm, bei dickeren Blättern entsprechend mehr, Abstand bleibt. Sonst kann die Zahnspitze zur Seite gedrückt werden.

Größere Sägenfabriken verwenden heute nur mehr Zahnpressen mit selbsttätigem Vorschub des Sägeblattes. Solche Pressen werden als „Zahnautomaten" bezeichnet. Beim Vorschub von Hand wird die Zahnteilung so ungenau, daß das Schärfen der Blätter auf Schärfmaschinen Schwierigkeiten macht.

3.32. Die Zahnpressen für Langsägeblätter

Bei Zahnpressen für Lang- und Bandsägeblätter kommen zwei verschiedene Arten des selbsttätigen Vorschubes vor, nämlich der Hakenvorschub und der Rollenvorschub. Beim Hakenvorschub greift während des Hochgehens des Zahnstempels ein Haken in die soeben fertiggestellte Zahnlücke ein und schiebt den Zahn um die Zahnteilung weiter. Beim Rollenvorschub faßt ein Walzenpaar den Stahlstreifen vor seinem Eintritt unter den Zahnstempel. Oft durchläuft der Stahlstreifen auch noch ein zweites Walzenpaar, das erst hinter dem Zahnstempel angebracht ist. Der Hakenvorschub ist veraltet. Er wird fast nur mehr für Sonderzwecke des Stückzahnens verwendet, und zwar insbesondere dann, wenn die Zahnung nicht schon am Ende des Blattes beginnen soll. Für das Zahnen von Bandstahl, d. h. von sehr langen Stahlstreifen, hat nur der Walzenvorschub genügende Zugkraft.

Der zu zahnende Stahlstreifen wird während des Zahnens durch eine federnde Kantenführung an die hinter dem Zahnstempel befindliche feste Kantenführung angedrückt. Beim Zahnen gekrümmter Zugsägen wird die bewegliche Führung von Hand angedrückt, um die Veränderlichkeit der Blattbreite auszugleichen. Je nach der Blattdicke werden etwa drei verschiedene Typen von Zahnautomaten für Langsägen gebaut:

- für Band- und kleine Langsägeblätter,
- für Zugsägeblätter (und für Gattersägeblätter bis 1,5 mm Dicke),
- für Zug- und Gattersägeblätter.

Solche Maschinen schneiden in der Minute etwa 300 bzw. 250 bzw. 150 Zähne.

Im Anschluß an das Zahnen werden bei Gattersägeblättern die Köpfe ausgeschnitten, d. h. die Ränder der Blattenden werden bis zur Zahngrundlinie fortgeschnitten. Das geschieht ebenfalls auf einer Exzenterpresse.

3.33. Die Zahnpressen für Langsägeblätter und für Bandstahl

Die zu zahnende Ronde erhält ihren Vorschub auf etwas andere Art als die Langsägeblätter. Und zwar wird sie vor dem Zahnen auf einen waagerechten Flansch aufgeschraubt, der auf der Unterseite fest mit einem waagerechten Kegelrad verbunden ist.

Infolge der Form der Blätter sind die selbsttätigen Zahnpressen für Kreissägeblätter weit ausladender als für Langsägeblätter. Sie werden in drei Größen gebaut, entsprechend den früher (Abschnitt 1.4) beschriebenen drei Größenklassen der Kreissägeblätter:

für kleine Blätter (bis 300 mm ∅),
für mittlere Blätter (bis 1000 mm ∅),
für große Blätter (bis 1600 mm ∅).

Kreissägeblätter von 1600 mm Durchmesser haben eine Dicke von 7 mm. Die Zahn-Automaten für solche Blätter wiegen dementsprechend gegen drei Tonnen. Ihre Arbeit ist recht geräuschvoll. Die Schnittleistung der drei Maschinentypen beträgt 300 bzw. 80 bzw. 60 Zähne in der Minute. Kleine Sägeblätter durch die mittlere Type zu zahnen, ist also ganz unwirtschaftlich.

3.34. Zahnschnitte und Festmaße

Die Zahnlücke, die beim Durchgang des Zahnstempels durch den Stahlstreifen entsteht, hat genau dieselbe Form wie der Querschnitt des Zahnschnittes. Die beiden wichtigsten Maße des Schnittquerschnittes sind der Keilwinkel β und die Ausrundung r (Abb. 3 in Abschnitt 1.52). Bei geradlinigen Zahnlücken tritt an Stelle der Ausrundung die Fußlücke f. Mit einem gegebenen Zahnschnitt kann also immer nur ein ganz bestimmter Keilwinkel und ein ganz bestimmter Zahnlückengrund hergestellt werden. Diese beiden Kenngrößen des Zahnprofils sind eben „Festmaße" des Zahnschnittes.

Im Gegensatz dazu ist eine weitere Kenngröße der Zahnung, nämlich die Zahnteilung t, stets ein „Einstellmaß“, wie im nächsten Abschnitt näher erläutert werden wird. Der Spanwinkel γ schließlich, das von allen vier Kennmaßen wichtigste, ist bei den einfachen Zahnformen AV und NV ein Einstellmaß, bei allen anderen aber ebenfalls ein Festmaß.

Der Keilwinkel β des Zahnschnittes erzeugt beim Niedergang des Stempels nicht den Keilwinkel β_o der Zahnspitze, sondern den Keilwinkel am Lückengrund, den sogenannten Lücken-Keilwinkel β_n. Bei allen Sägeblättern mit gerader Zahnlinie sind beide Keilwinkel gleich groß. Bei den Kreissägeblättern aber ist, da sich das Blatt während des Zahnens fortgesetzt gegenüber dem Stempel dreht, der Spitzen-Keilwinkel β_o kleiner als der Lücken-Keilwinkel β_n. Und zwar ist $\beta_o = \beta_n - 360^0/z$. Dabei ist z die Zähnezahl. Auch bei gekrümmten Zugsägeblättern sind die beiden Keilwinkel verschieden. Für den Sägenbenutzer ist nur der Spitzen-Keilwinkel von Bedeutung. Für den Sägenhersteller dagegen ist der Keilwinkel des Zahnschnittes unvermeidlich ein Nennmaß für diesen. Daraus können leicht Mißverständnisse entstehen.

Bei verwickelten, mehrspitzigen Zahnformen wird nicht jeder Zahn auf einmal durch einen Zahnschnitt ausgeschnitten, der genau entsprechend dem Zahn begrenzt ist. Der Ausschneidevorgang wird vielmehr in zwei Teilvorgänge zerlegt. Jedem der beiden Teilvorgänge entspricht ein besonderer Zahnstempel. Die beiden Stempel kommen entweder bei demselben Durchlauf des Blattes durch die Zahnmaschine zum Angriff. Sie bilden dann, zusammen mit den Schnittplatten, einen sogenannten „Folgeschnitt“. Oder man vertauscht, sobald alle Sägeblätter einer Herstellserie durch die Maschine durchgelaufen sind, die beiden Schnitte miteinander und läßt dann alle Blätter noch ein zweitesmal durch die Maschine.

Die Herstellung der Zahnschnitte erfordert viel Übung und Geschick. Sie ist den „Werkzeugmachern" der Sägenfabrik anvertraut. Dieser Sonderzweig des Schlosserhandwerks ist ein ausgesprochener Mangelberuf. Die Werkzeugmacherei ist der zweitgrößte personelle Engpaß der meisten Sägenfabriken. Von dem größten Engpaß, den Sägenspannern, wird später (Abschnitt 3.65) zu sprechen sein.

3.35. Das Einstellen der Zahnteilung t

Die Zahnteilung, welche eine Zahnpresse erzeugt, ist identisch mit dem Vorschub der Presse.

Auf Zahnmaschinen mit Handvorschub sowie auf selbsttätigen Zahnmaschinen mit dem veralteten Hakenvorschub kann jede beliebige Teilung eingestellt werden. Auf den modernen selbsttätigen Zahnmaschinen mit Rollenvorschub dagegen ist nur eine stufenförmige Einstellung möglich: ein Exzenter dreht nach jedem Hub ein Sperrad um einen oder mehrere Zähne weiter. Diese Bewegung des Sperrades wird schließlich auf das Sägeblatt übertragen. Das letzte Glied in der Übertragung ist, wie bereits beschrieben, bei Langsägeblättern ein Walzenpaar und bei Kreissägeblättern ein sich drehender Aufspannflansch.

Die Zahnteilung muß bei dieser Art Vorschub ein ganzzahliges Vielfaches desjenigen Vorschubbetrages ausmachen, welcher der Weiterschaltung eines einzigen Sperradzahnes entspricht. Die Weiterschaltung eines einzigen Sperradzahnes erzeugt die Mindestteilung, die mit dem betreffenden Sperrad überhaupt hergestellt werden kann. Die Zahl der gesperrten Zähne wird durch Verstellung des Exzenters eingestellt. Die Mindestteilung wird dadurch vergrößert, z. B. von 1,0 auf 1,5 mm, daß das Normal-Sperrad gegen ein gröber gezahntes ausgewechselt wird.

Die Mindestteilung einer Zahnmaschine für Langsägeblätter bei Verwendung des Normal-Sperrades beträgt 1 mm. Man kann damit alle ganzzahligen Teilungen (1 2 3 4 5 usw. mm) herstellen. Ein zweites Sperrad liefert dazu die Teilungen 1,5 4,5 7,5 usw., ein drittes außerdem die Teilungen 1,25 2,5 3,75 6,25 usw. Bei der Normung der Langsägeblätter ist also darauf Bedacht zu nehmen, daß man mit möglichst wenigen, vielleicht sogar einem einzigen, Sperrad auskommt.

Bei den Zahnmaschinen für Kreissägeblätter muß nicht die Teilung, sondern die Zähnezahl eine ganze Zahl, und zwar eine gerade, sein. Um sämtliche gerade Zähnezahlen herzustellen, würde jedoch eine sehr große Anzahl von verschiedenen Sperrädern erforderlich sein. Normt man dagegen eine zweckmäßige Auswahl von Zähnezahlen, so kann man mit einem einzigen Sperrad auskommen. Als Zähnezahl für dieses Normal-Sperrad ist die Zahl 144 wegen ihrer Teilbarkeit besonders zweckmäßig. Bei der üblichen fünffachen Übersetzung ist dann die größtmögliche Zähnezahl des Sägeblattes $z_{max} = 5 \times 144 = 720$. Die Mindestteilung t_{min} ist dementsprechend U/720, wobei U der Umfang des Sägeblattes ist. Damit ergibt sich folgende Reihe für die gesperrte Zähnezahl des Sperrades ($t : t_{min} = 720 : z$) und für die Zähnezahl z der Kreissägeblätter:

$t : t_{min} =$	3	4	5	6	8	9	10	12	15	18	20	24	30
$z =$	240	180	144	120	90	80	72	60	48	40	36	30	24

Zähnezahlen über 144 und unter 36 werden im allgemeinen nicht benötigt.

Allerdings gibt es Kreissägenzahnungen, für welche diese Vorzugsreihe nicht ausreicht. Diese sind:

1. Die „Gruppen- oder Hannibalzahnung". Sie besteht aus acht Gruppen von je fünf Zähnen und zwei zahnfreien Teilungen, also aus insgesamt 56 Zahnteilungen.

2. Die Zahnung für Knochen. Sie wird in mehreren Stufen zwischen 150 und 300 Zähnen gebraucht.

3. Die P-Zahnung, d. h. die Zahnung mit gekrümmten Zahnrücken (s. Abschnitt 1.54). Bei dieser Zahnung ist die kleinstmögliche Teilung, die mit einem vorhandenen Zahnschnitt hergestellt werden kann, nur um etwa 12 % kleiner als die größtmögliche.

Es genügt aber ein einziges zusätzliches Sperrrad, um die angegebene Vorzugsreihe der Zähnezahlen so weit zu erweitern, daß auch die soeben aufgezählten Sonderbedürfnisse befriedigt werden können. Dieses Zusatzsperrad muß 168 Zähne haben. Dann ermöglicht es nämlich die nachfolgende Zusatzreihe:

z = **280 210 168** 140 120 84 **70** 60 **56 42** 28

Fettgedruckt sind diejenigen Zähnezahlen, welche die benötigte Erweiterung der Vorzugsreihe darstellen.

Neuerdings verwendet man auch Kreissägeblätter mit Zähnezahlen bis herunter zu acht Zähnen, besonders in Verbindung mit einer „Spanbegrenzung", d. h. mit einer geringen Überhöhung der Zahnspitzen über den Blattumfang (siehe Lindner und Brunneder in Abschnitt 9.15). Solche zahnarme Kreissägeblätter können auf den gewöhnlichen Zahnautomaten überhaupt nicht mittels des selbsttätigen Vorschubes gezahnt werden, weil ein so großer Teil des Sperradumfanges nicht gesperrt werden kann. Bei so kleinen Zähnezahlen werden aber ohnehin in zunehmendem Maße eingelötete Zähne aus Hartmetall verwendet.

3.36. Das Einstellen des Spanwinkels γ

Die für die Zerspanung wichtigste Meßgröße an einem Sägezahn ist der Spanwinkel γ. Mit einem vorhandenen Zahnschnitt können beliebig viele verschiedene Spanwinkel hergestellt werden, je nachdem, wie der runde Schaft des Zahn-

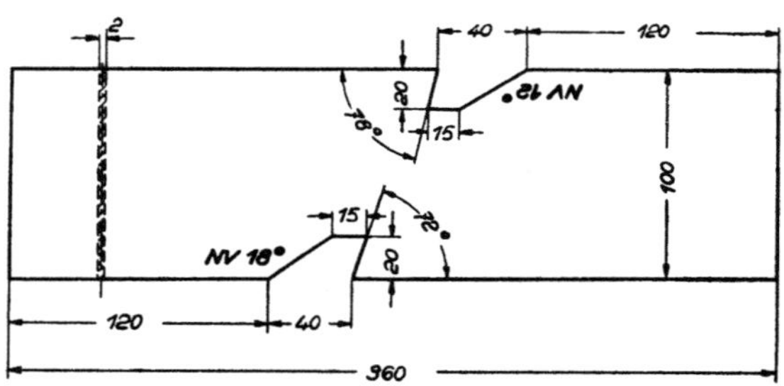

Abb. 10. Spanwinkel-Einstell-Lehre für Gattersägeblätter nach ÖNORM M 4401

stempels bei der Einspannung in der Zahnmaschine gedreht wird. Selbstverständlich muß auch die Schnittplatte auf dem Tisch der Zahnmaschine die Drehung mitmachen.

Die Verdrehung des Zahnschnittes kann aber praktisch nur bei den einfachen Zahnformen NV und AV, d. h. bei den einspitzigen, geradflankigen Zähnen mit rundem Zahngrund, ausgenutzt werden. Bei länglichen Zahnlücken, also z. B. bei den

Zahnformen NU und AU, muß die Drehung unterbleiben, weil sonst der Zahnlückengrund nicht mehr waagerecht steht. Auch bei mehrspitzigen Zähnen, z. B. M-Zähnen, ist eine Drehung ausgeschlossen. Bei gebrochenem Rükken, d. h. bei den sogenannten K-Zähnen, ist eine Drehung zwar möglich, aber nur in sehr engen Grenzen.

Somit ist der Spanwinkel nur bei NV- und AV-Zähnen ein Einstellmaß. Bei allen anderen Zähnen aber ist er ein Festmaß, so daß für jeden Spanwinkel ein eigenes Schnittwerkzeug angeschafft werden muß.

Der Spanwinkel, auf welchen ein Zahnschnitt in der Zahnmaschine eingestellt ist, läßt sich nicht ohne weiteres abmessen. Darum empfiehlt es sich, für Langsägeblätter Spanwinkel-Einstellehren gemäß Abb. 10 zu verwenden.

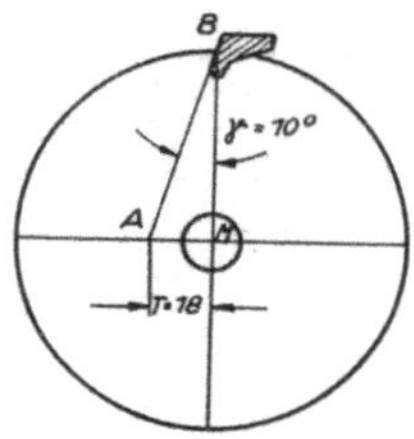

MA = T
MB = R = 100

$$\frac{T}{R} = \operatorname{tg} \gamma$$

1. Reiße zwei aufeinanderstehende Durchmesser an.
2. Für den gegebenen Durchmesser und Spanwinkel lies aus der Tabelle den Abstand T ab. (Z. B. für 200 mm ∅ und Spanwinkel $\gamma_0 = 10^0$ ist T = 18 mm.)
3. Den Wert für T messe von der Mitte der Ronde nach links ab. (So entsteht Punkt A.)
4. Ziehe mit einem farbigen Stift oder Kreide eine Gerade zwischen A und B.
5. Spanne die Ronde in den Zahnautomaten ein.
6. Stelle den Schnitt so ein, daß die Kante, welche die Brust ausschneidet, mit der Geraden AB zusammenfällt.

Abb. 11. Tangensmessung. Einstellen der Spanwinkel bei Kreissägeblättern

Beim Zahnen von Kreissägeblättern dagegen ist es einfacher, wenn der Zahner auf dem Sägeblatt mit

Subtangente T (mm)

Durchmesser bei Kreissägen mm	für Spanwinkel										Breite bei Langsägen mm
	5^0	10^0	12^0	15^0	18^0	20^0	25^0	30^0	35^0	40^0	
60	3	5	6	8	10	11	14	17	21	25	
80	4	7	9	11	13	15	19	23	28	34	
100	4	9	11	13	16	18	23	29	35	42	
120	5	11	13	16	19	22	28	35	42	50	
125	5	11	13	17	20	23	29	36	44	53	
140	6	12	15	19	23	25	33	40	49	59	
150	7	13	16	20	24	27	35	43	53	63	
160	7	14	17	21	26	29	37	46	56	67	80
180	8	16	19	24	29	33	42	52	63	76	90
200	9	18	21	27	32	36	47	58	70	84	100
240	11	21	26	32	39	44	56	69	84	101	120
250	11	22	27	34	41	46	58	72	87	105	125
280	12	25	30	38	46	51	65	81	98	118	140
300	13	27	32	40	49	55	70	87	105	126	150
315	14	28	33	42	51	57	74	91	110	132	155
320	14	28	34	43	52	58	75	92	112	134	160
350	15	31	37	47	57	64	82	102	122	147	175

360	16	32	38	48	59	66	84	104	126	151	180
400	18	35	43	54	65	73	93	115	140	168	200
440	19	39	47	59	72	80	102	127	154	185	220
450	20	40	48	60	73	82	105	130	158	189	
500	22	44	53	67	81	91	117	144	175	210	
560	25	49	60	75	91	102	131	162	196	235	
600	26	53	64	80	98	109	140	173	210	252	
630	28	56	67	84	102	115	147	182	221	265	
650	29	57	69	87	105	118	152	187	228	273	
700	31	62	74	94	114	127	164	202	245	294	
750	33	66	80	100	122	136	175	216	263	315	
800	35	71	85	107	130	146	187	231	280	336	
850	37	75	90	114	138	155	198	245	298	357	
900	39	79	96	121	146	164	210	260	315	387	
1000	44	88	106	134	163	182	234	289	350	420	
1100	48	97	117	147	179	200	256	317	386	462	
1200	53	106	127	161	195	218	280	346	420	504	
1250	55	110	133	167	203	228	292	361	437	525	
1400	61	123	149	188	227	255	327	404	490	587	
1500	66	132	159	201	244	273	350	433	525	630	
1600	70	141	170	214	260	291	374	462	560	672	

Subtangenten-Tafel zu Abb. 11

der Reißnadel den auszuschneidenden Schenkel des Spanwinkels vorzeichnet. Die Neigung dieses Schenkels kann er mit Hilfe einer Subtangenten-Tafel ermitteln. Das ist eine Zahlentafel, in welcher zu jedem vorkommenden Paar von Blattdurchmesser und Spanwinkel die Länge der im Blattmittel zu errichtenden Kathete, der sogenannten „Subtangente", eingetragen ist. In der vorhergehenden Abb. 11 ist die Subtangente durch den Buchstaben T bezeichnet.

Auch für Langsägeblätter kann manchmal keine Einstellehre, sondern nur die Subtangenten-Tafel verwendet werden. Und zwar ist das immer dann der Fall, wenn ungenormte, seltene Spanwinkel hergestellt werden sollen. Denn für solche Spanwinkel können keine Einstellehren vorrätig gehalten werden. Die Subtangente wird dann auf dem Blattrücken aufgetragen.

Im praktischen Betrieb der meisten Sägenfabriken hat man sich bis vor kurzem ziemlich wenig um die genaue Größe der Spanwinkel gekümmert. Einstellehren und -tafeln sind deshalb gewöhnlich nicht vorhanden. In solchen Fällen kann man einen Probezahn ausschneiden und mit einer Zahnlehre gemäß Abb. 12 prüfen.

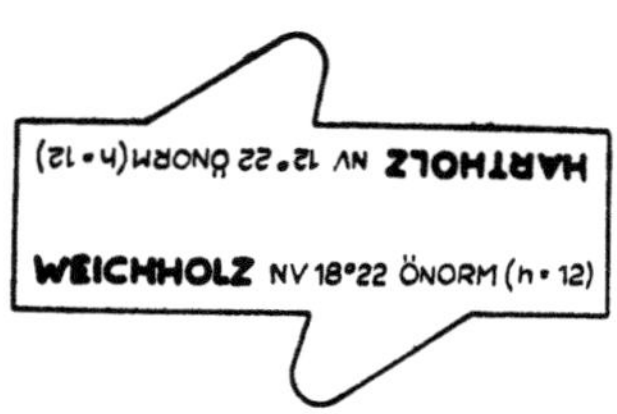

Abb. 12. Zahnwinkellehre für Gattersägeblätter nach ÖNORM M 4401 Maßstab 1 : 2

Solche Zahnlehren ermöglichen auch die Nachprüfung der anderen Kenngrößen der Zahnung. Sie sind auch, und zwar in erster Linie, für die Sägenbenutzer bestimmt. Denn sowohl die Festmaße als auch die Einstellmaße einer fabrikneuen Zahnung können sich erheblich ändern, sobald die Zähne geschärft — insbesondere von Hand geschärft — oder mit unzureichenden Mitteln nachgezahnt werden.

3.37. Die Zahnpressen für Vollschnitte

Nach dem bisher beschriebenen Verfahren zur Herstellung von Sägeblättern wird jeder Zahn in einem Zahnautomaten, d. h. in einer Presse mit selbsttätigem Vorschub, einzeln ausgeschnitten. Dieses Verfahren ist aber nicht mehr das wirtschaftlichste, wenn kleine, genau gleiche Kreissägeblätter in großen Serien hergestellt werden sollen. Für eine solche Spezialerzeugung empfiehlt es sich, das ganze Blatt mittels eines Vollschnittes durch einen einzigen Pressendruck auszuschneiden.

Solche Vollschnitte mit seitlicher Führung werden z. B. für Blattdurchmesser von 140 oder 200 mm gebaut. Ihre Verwendung setzt aber eine ganz einwandfreie Exzenterpresse voraus. Der Schnittstößel muß mit dem Tisch der Exzenterpresse genau maßhaltig sein.

Vollschnitte könnten grundsätzlich auch zum Zahnen dünner Langsägeblätter verwendet werden. Da aber ein einziger Mann ohne weiteres vier Band-Zahnautomaten gleichzeitig bedienen kann, bietet ein Vollschnitt höchstens für gekrümmte Zahnlinien, wie sie Gärtnersteifsägen aufweisen, besondere Vorteile.

3.38. Das Fräsen der Sägenzähne

Kleine Kreissägeblätter können auch auf die Art gezahnt werden, daß eine größere Anzahl zu Paketen zusammengespannt und in diesem Zustand gefräst wird.

Für „Nutkreissägeblätter“ ist Fräsen überhaupt die einzig mögliche Art des Zahnens. Denn solche Sägeblätter können bei Durchmessern bis 200 mm Dicken bis 16 mm haben. Aber Nutkreissägeblätter sind eigentlich Fräser, da sie gar nicht zum Trennen des Werkstückes bestimmt sind. Sie fallen deshalb aus dem Rahmen dieser Arbeit.

Auch zum Zahnen von Laubsägeblättern werden neuerdings Fräsmaschinen verwendet an Stelle der bisher üblichen, nachfolgend beschriebenen Feilmaschinen (s. den ersten Bericht der „Wirtschaft" in Abschnitt 9.56).

3.39. Das Feilen der Sägenzähne

Die Herstellung von Sägezähnen durch Feilen ist auf einen Sonderzweck beschränkt, nämlich auf das Zahnen von Laubsägeblättern. Laubsägeblätter für Holz haben NV- oder NU-Zähne mit Teilungen von 0.5 bis 1,4 mm.

Einem Zahnautomaten wird das Vormaterial, flach gezogener oder geplätteter Stahldraht in ungehärtetem Zustand, endlos zugeführt. Während das Stahlband langsam vorrückt, wird eine Feile darauf hin- und hergeschoben. Die Feile hat einen der Zahnlücke entsprechenden Querschnitt. Sobald die zu zahnende Länge eines Blattes zu Ende ist, wird die Feile selbsttätig abgehoben und arbeitet in der Luft weiter. Das Stahlband rückt um zwei Angellängen weiter und die Feile senkt sich wieder auf das Stahlband.

Im Gegensatz zu allen anderen Holzsägenarten werden Laubsägeblätter erst nach dem Zahnen gehärtet. Am besten am endlosen Bande wie der Sägenbandstahl, damit sie nicht krumm werden. Am Ende der Härteanlage wird das gezahnte Stahlband selbsttätig zu Blättern abgelängt (s. den zweiten Bericht der „Wirtschaft" in Abschnitt 9.56).

3.4. Das Schleifen der Oberfläche der Blechsägeblätter

3.41. Die Arten des Schleifens der Sägeblätter

Sägeblätter können an zwei verschiedenartigen Stellen geschliffen werden, nämlich an den beiden großen Blattflächen und an den Querflächen der Zähne.

Die Querflächen der Zähne werden geschliffen, um die Schneidkante scharf zu machen. Dieses Scharfschleifen ist erst später (in Abschnitt 3.73) zu behandeln.

Das Schleifen der großen Blattflächen dient zwei verschiedenen Hauptzwecken: Einerseits soll es die Oberfläche verbessern, und zwar in mehrfacher Hinsicht. Andererseits soll es dem Querschnitt eine zahlenmäßig vorgeschriebene Form geben, nämlich eine planparallele oder eine verjüngte, keilförmige. Steht die Verbesserung der Oberfläche im Vordergrund, dann ist im nachfolgenden von „Glattschleifen" die Rede. Die maßgerechte Bearbeitung des Querschnittes dagegen heißt „Maßschleifen".

3.42. Das Glattschleifen der Sägeblätter

Das Glattschleifen der Sägeblätter wird vielfach „Blankschleifen" genannt. Doch hat von den verschiedenen Oberflächenverbesserungen, die durch das Glattschleifen erzielt werden können, gerade das eigentliche Blankmachen, d. h. die Herstellung einer glänzenden Oberfläche, für die Verwendbarkeit der Säge die geringste Bedeutung. Für den Verkauf allerdings ist es oft entscheidend.

Bei Sägeblättern, die im Stück gehärtet worden sind, bedeutet aber das Blankmachen gleichzeitig ein Glattmachen, d. h. ein Ebenmachen der

Oberfläche. Denn zum Blankmachen muß die unregelmäßige harte Zunderschicht entfernt werden, die beim Härten (genauer: beim Erhitzen) in Luft entstanden ist. Ferner müssen allein schon zum Blankmachen die Richthiebe entfernt werden, die vom Schwarzrichten herrühren (s. Abschnitt 3 64), sowie etwaige andere Unebenheiten. Denn alle Vertiefungen bleiben beim Schleifen länger schwarz als ihre Umgebung. Das Glattmachen verringert die Reibungsarbeit, die beim Sägen auftritt, wenn auch vielleicht nicht in sehr erheblichem Maße. (Siehe den Bericht von Sachsenberg in Abschnitt 9.342.)

Durch den Arbeitsgang des Glattschleifens wird auch noch ein anderer technischer Oberflächenfehler beseitigt, der nicht mit dem Auge bemerkbar ist, nämlich die etwa vorhandene „Weichhaut". So nennt man die dünne entkohlte Oberflächenschicht, die manchmal beim Warmwalzen (oder auch beim Härten in Luft) entsteht. Entkohlter Stahl ist das, was der Nicht-Techniker gewöhnliches „Eisen" nennt. Er ist nicht härtbar. Eine Schneide aus entkohltem Stahl ist also unbrauchbar.

Die drei beschriebenen Oberflächenverbesserungen des Blankmachens, des Glattmachens und der Entfernung der Weichhaut gehen nicht über den Begriff des Glattschleifens hinaus. Mit dem „Glattschleifen" der Sägeblätter ist aber gleichzeitig auch ein Maßschleifen verbunden, wenn auch gewöhnlich nur ein grobes. Denn beim Glattschleifen müssen die vorgeschriebenen Blattdicken eingehalten bzw. erst hergestellt werden.

In dem Normblatt DIN 5134, Blatt 1 (s. Abschnitt 2.1), ist eine Dickentoleranz für gewöhnliche, d. h. nur glatt-, nicht auch plangeschliffene Gatter- und Kreissägeblätter festgelegt. Sie beträgt bis 2 mm Dicke $\pm$ 0,1 mm. Die Warmwalzwerke aber können vielleicht bei den Blechen eine solche Toleranz nicht einhalten. Z. B. hat das führende österreichische Stahlwerk für Holzsägenbleche im Oktober 1948 die Toleranz für Blechdicken von 1,25 bis 2 mm mit ± 0,11 bis 0,14 mm angegeben. Die ungleiche Dicke der warmgewalzten Bleche muß also in der Sägenfabrik durch ungleich großen Abschliff ausgeglichen werden.

Wenn man dieses Maßschleifen bei Sägeblättern trotzdem in den Begriff des „Glattschleifens" (oder „Blankschleifens") mit einbezieht, so geschieht das, um den Gegensatz gegen das genauere „Planschleifen" (Abschnitt 3.45) und gegen das örtliche Dünnerschleifen (Abschnitte 3.46 und 3.47) bequem ausdrücken zu können.

3.43. Das Glattschleifen der Langsägeblätter

Die Maschinen zum Glattschleifen der großen Langsägeblätter werden gewöhnlich „Rutsche" genannt. Eine Rutsche besteht in der Hauptsache aus zwei mühlsteinartigen Schleifsteinen, die sich am Umfang berühren. Ihre Wellen sind in waagrechter Lage senkrecht übereinander angeordnet (Abb. 13).

Beide Schleifsteine sind etwa 0,3 m dick. Der untere Stein hat, wenn er neu ist, einen Durchmesser von etwa 2,5 m. Er dreht sich mit einer Umfangsgeschwindigkeit von etwa 10 m/sec. Der obere Stein hat nur etwa 1 m Durchmesser und nur 0,3 m/sec Umfangsgeschwindigkeit. Er steht also, verglichen mit dem unteren Stein, dem „Arbeitsstein", fast still. Seine Welle kann um etwa 0,75 m auf den Arbeitsstein zu verstellt werden, zum Anpressen des Sägeblattes und zum Ausgleich der Steinabnutzung. Er heißt deshalb „Druckstein".

Während der Arbeit fließt ständig Wasser auf den Arbeitsstein. Ein Mann steht vor der Rutsche.

Er steckt das zu schleifende Sägeblatt zwischen die beiden Schleifsteine, und zwar tangential in der Richtung der Umfangsbewegung. Dabei hält er das Blatt etwas zurück. Hinter der Rutsche faßt ein zweiter Mann das Blatt. Er reicht es neben den Steinen wieder nach vorn. Ist eine

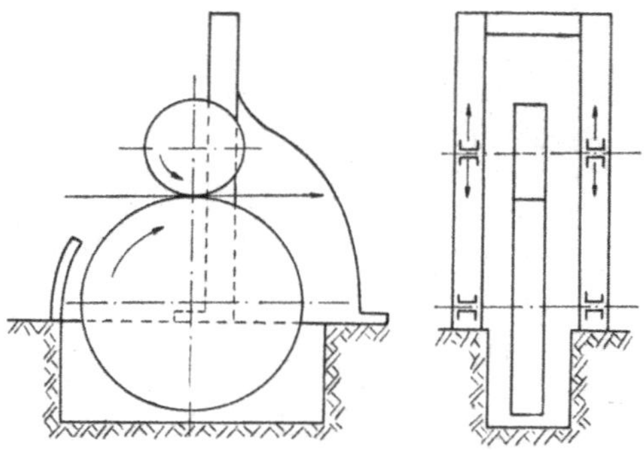

Abb. 13. Schleifmaschine für Langsägeblätter = Rutsche

Seite fertiggeschliffen, dann wird das Blatt gewendet. Jedes Blatt geht so etwa sechsmal durch die Maschine. Der zweite Mann hinter der Rutsche kann durch eine selbsttätige Rückbringevorrichtung ersetzt werden.

Die Auswahl der Schleifsteine ist von großer Bedeutung für die Güte des Schliffes. Bis vor etwa zehn Jahren waren in Österreich ausschließlich Schleifsteine aus Sandstein in Gebrauch. Das Schleifen mit Sandstein ruft aber bei den Schleifern Silikose hervor. Außerdem gibt es in Österreich kein geeignetes Gestein. Solche Natursteine müssen entweder aus Deutschland (Eifel-Gebirge) oder Jugoslawien eingeführt werden. Deshalb hat in den letzten Jahren auch ein österreichisches Unternehmen, die Firma Fries, Burgholzer & Comp. in Perg, Oberösterreich, die Herstellung von Kunststeinen derselben Abmessungen aufgenommen. Sie bestehen aus Elektrokorund, der durch Chlormagnesium gebunden ist. In die Steine ist ein Eisenbetonkern eingebettet. Seine äußerste Begrenzung ist durch die Bohrung und durch den kleinstmöglichen Steindurchmesser (nach völliger Abnutzung) gegeben, d. h. bei dem Arbeitsstein ungefähr durch die Durchmesser 900 mm und 1200 mm. Als Druckstein hat man auch schon Steine aus bloßem Zement verwendet. Ein Kunststein reicht für etwa 14 t Sägeblätter.

Jeder Techniker, der zum erstenmal dem Ungetüm einer Rutsche gegenübersteht, fragt sich, warum zum Schleifen der Holzsägeblätter nicht die sonst im Maschinenbau üblichen Flächenschleifmaschinen verwendet werden. Der Grund hiefür ist, daß die Herstellung eines so großen Abschliffes, wie er für Holzsägeblätter notwendig ist, auf einer Flächenschleifmaschine zu lange dauert und zu viel kostet, um für eine Massenerzeugung in Frage zu kommen. Die Ausbringung einer Rutsche beträgt in der Stunde 60 kg (Zugsägeblätter) bis 80 kg (Gattersägeblätter). Nur für das Planschleifen (Abschnitt 3.45) und für das örtliche Dünnerschleifen (Abschnitte 3.46 und 3.47) ist man auf die Verwendung von Präzisionsmaschinen mit den allbekannten Schleifscheiben angewiesen[5].

3.44. Das Glattschleifen der Kreissägeblätter

Die Maschinen zum Glattschleifen der Kreissägeblätter unterscheiden sich grundsätzlich nur dadurch von der Rutsche[5], daß die Wellen der

[5] Neuerdings werden auch für das bloße Glattschleifen, besonders von Kreissägeblättern, moderne Planschleifmaschinen verwendet. Es scheint, daß die bisherige Meinung, nach welcher die Verwendung solcher Maschinen die Herstellung verteuert, revidiert werden muß.

beiden Schleifsteine nebeneinander in einer waagrechten Ebene angeordnet sind, statt übereinander in einer senkrechten Ebene (Abb. 14).

Außerdem wird das zu schleifende Blatt nicht freihändig zwischen die beiden Schleifsteine eingeführt, sondern es wird drehbar auf einem Dorn befestigt. Der Dorn seinerseits sitzt auf einem

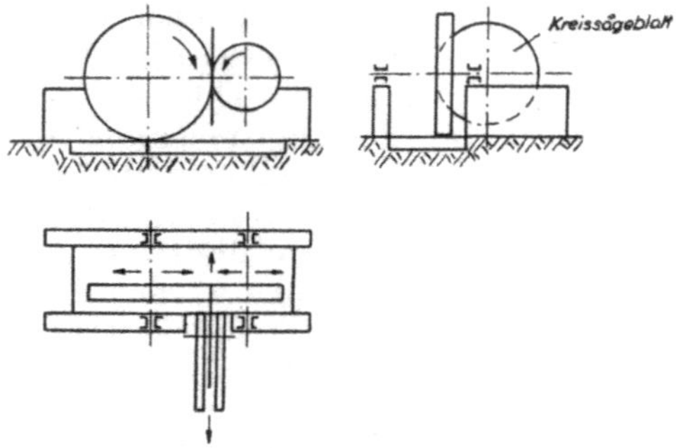

Abb. 14. Schleifmaschine für Kreissägeblätter

Schlitten, der in Richtung auf die Schleifsteine zu vorgeschoben werden kann. Zuerst wird der Rand des Blattes zwischen den Steinen hindurchgedreht. Dann kommen nach und nach immer kleinere Kreisringe der Oberfläche an die Reihe.

Die Steine der Kreissägen-Schleifmaschine sind wesentlich kleiner als die der Rutsche. Der Durchmesser des Arbeitssteines beträgt in neuem Zustand etwa 1,3 m, der des Drucksteines etwa 0,7 m. Beide Steine sind etwa 120 mm dick. Bezüglich der Herstellung der Steine gilt dasselbe wie für die Rutsche.

Die Ausbringung einer Kreissägen-Schleifmaschine beträgt 10 bis 40 kg/h, je nach dem Durchmesser. Die beiden Grenzwerte gelten für Durchmesser unter 400 und über 800 mm.

3.45. Das Planschleifen der Kreissägeblätter

Die genormte Dickentoleranz für Gatter- und gleichdicke Kreissägeblätter beträgt, wie schon früher gesagt (in Abschnitt 3.42), bis 2 mm Nenndicke ± 0,1 mm. Entsprechend gilt für Dickenunterschiede innerhalb des Blattes, d. h. für Dickenunterschiede innerhalb verschiedener Stellen ein und desselben Blattes, eine Toleranz von 0,2 mm.

Für Sonderfälle, insbesondere für sehr hohe Umlaufgeschwindigkeit, reicht die genannte Dicken-Gleichmäßigkeit nicht aus. Die Blätter müssen dann „plangeschliffen" werden. Nach dem Normentwurf[6] DIN 5134, Blatt 4, müssen alle Kreissägeblätter bis 200 mm Durchmesser stets plangeschliffen geliefert werden. Dieser Entwurf engt die Toleranz für Dickenunterschiede innerhalb plangeschliffener Kreissägeblätter auf folgende Werte ein:

bis 200 mm ∅ . . . . 0,04 mm,
darüber bis 600 mm ∅ . . . . 0,06 mm.

Zum Planschleifen werden die bekannten Schleifscheiben, gerade oder topfförmig, verwendet. Das Sägeblatt ruht beim Schleifen auf einer starren, ebenen Unterlage, meist einem Magnetfutter, auf. Darin beruht der Hauptunterschied gegenüber dem „Steinschleifen", d. h. dem Schleifen zwischen zwei Schleifsteinen (Abschnitte 3.42 bis 3.44) oder „vor dem Knie" (Abschnitt 3.46). Außerdem sind die zum Planschleifen verwendeten Maschinen — vorzugsweise Flächenschleifmaschinen — Präzisionsmaschinen.

---

[6] Für Deutschland im November 1946 als Norm erschienen.

3.46. Das Keilförmig-Schleifen der Langsägeblätter

Die meisten Sägeblätter werden, um die Reibung des Blattes in der Schnittfuge zu verringern, geschränkt. Statt sie zu schränken, kann

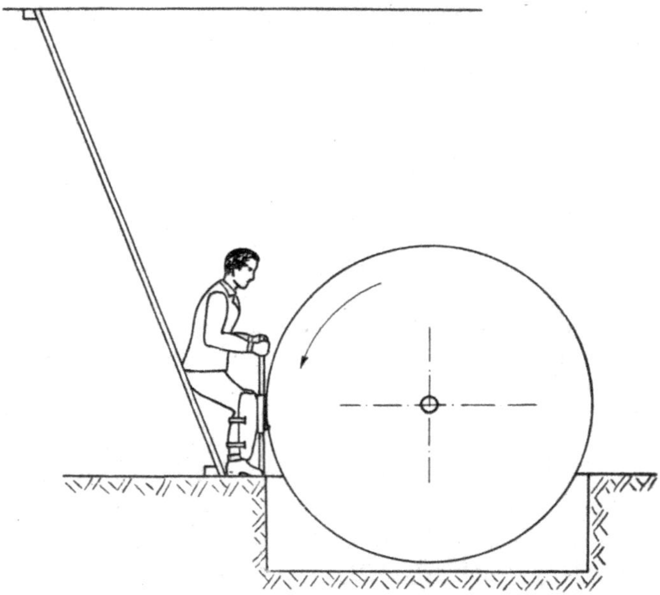

Abb. 15. Knieschleifen

man die Blätter aber auch nach dem Rücken zu dünnerschleifen. Das ist z. B. notwendig bei Stichsägeblättern, wenn sie zum Schränken zu dick sind. Der Querschnitt des Blattes ist dann keilförmig oder, wie man sehr oft fälschlich sagt, „konisch".

Der keilförmige Schliff wird aber bei Langsägeblättern meistens nur zur Unterstützung des

Schrankes und nicht als Ersatz für ihn verwendet. So ist nach DIN E 5134, Blatt 2, bei den Zugsägeblättern gewöhnlicher Dicke (Blattform A bis D) ein Dünnerschliff von 0,4 mm und bei Bügelsägeblättern ein solcher von 0,2 mm wahlweise zugelassen, während ein Schrank von 0,4 bis 0,6 mm auf jeden Fall vorgeschrieben ist. Die dicken Zugsägen mit Hobelzahnung dagegen (Blatt-

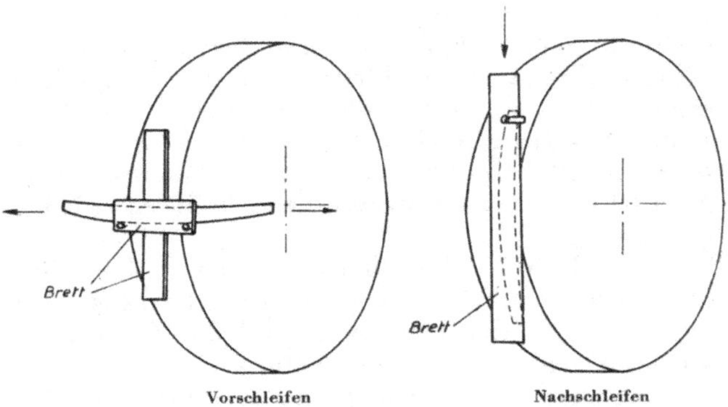

Abb. 16. Keilförmig-Schleifen vor dem Knie

form E) müssen auf jeden Fall keilförmig geschliffen werden (mit 1 mm Dünnerschliff), weil sie nur einen Schrank von 0,2 bis 0,3 mm vertragen.

Zum Keilförmig-Schleifen dienen ebenso wie zum Glattschleifen der Langsägen mühlsteinförmige Schleifsteine. Im Gegensatz zum Glattschleifen werden die Steine aber nicht paarweise verwendet, sondern nur einzeln. Die Welle des Schleifsteins ist ebenfalls waagrecht angeordnet. Der Schleifer sitzt oder lehnt so vor dem Schleifstein, daß dieser sich vor ihm abwärts dreht (Abb. 15).

Ein Knie des Schleifers ist durch eine hölzerne Beinschiene geschützt. Mit ihr drückt er ein Brett, auf dem das Sägeblatt befestigt ist, gegen den Stein. Diese Art des Schleifens heißt „Schleifen vor dem Knie“ oder „Knieschleifen“.

Hinsichtlich des Schleifvorganges ist zwischen dem Vorschleifen und dem Nachschleifen zu unterscheiden (Abb. 16).

Beim Vorschleifen ist das Blatt auf dem Brett waagrecht befestigt, beim Nachschleifen senkrecht. In beiden Fällen schiebt der Schleifer das Blatt während des Schleifens in der Längsrichtung weiter. Dieser Vorschub geschieht beim Vorschleifen nicht allmählich, sondern ruckweise. Dadurch entstehen Streifen in der Blattdicke. Das Nachschleifen dient dazu, diese Streifen wieder zu beseitigen.

Nach DIN E 5134, Blatt 2, beginnt der Dünnerschliff des Blattquerschnittes erst an einem Punkt, der um ein Drittel der Blattbreite von der Zahnspitzenlinie entfernt ist (Abb. 17).

Von diesem Bruchpunkt an verläuft der Dünnerschliff geradlinig, also keilförmig, bis zum Rücken, symmetrisch zur Mittellinie des Querschnittes.

Der Querschnitt rechteckiger Sägeblätter, z. B. der von geraden Bügelsägeblättern, soll auch nach dem Keilförmig-Schleifen auf der ganzen Blattlänge gleich sein. Die neuentstehenden Schliffflächen sollen also wiederum Ebenen sein. Bei gekrümmter Zahnlinie aber, also bei allen genormten Zugsägen, soll der Querschnitt überall so sein, wie er sich ergäbe, wenn man den Mittenquerschnitt um den Krümmungsmittelpunkt der Zahnlinie rotieren läßt (s. Abb. 17). Die beiden Blattflächen sind dann flache Hohlkegel. In DIN E 5134, Blatt 2, ist das so ausgedrückt, daß die Toleranz von 0,2 mm für Dickenunterschiede innerhalb des Blattes, die bei gleichdicken Blättern für zwei beliebige Punkte gilt (s. Abschnitt 3.45), bei Dünnerschliff von Zugsägen jeweils für

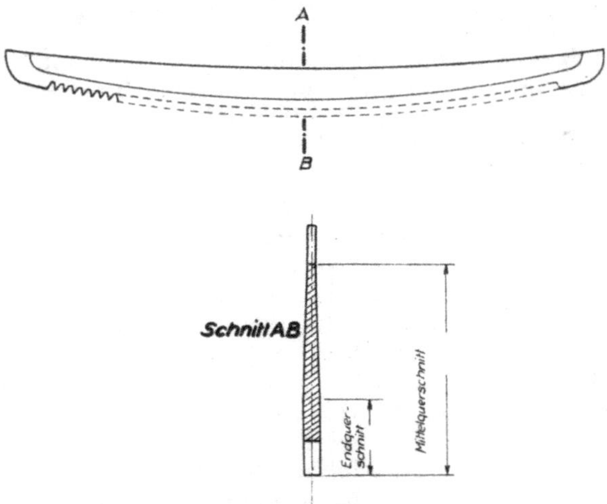

Abb. 17. Dünnerschliff einer gekrümmten Zugsäge

alle diejenigen Punkte gilt, die gleichweit von der Zahnlinie entfernt sind.

Das Keilförmigschleifen von Zugsägen erfordert große Übung. Besondere Blattführungen sind in Zugsägen-Schleifereien gewöhnlich nicht vorhanden.

3.47. Das Hohl- und Kegelförmig-Schleifen der Kreissägeblätter

Kreissägeblätter, die sehr glatte Schnittflächen liefern sollen, sogenannte „Hobelkreissägeblätter", werden nicht geschränkt. Sie müssen deshalb analog den Stichsägeblättern (Abschnitt 3.46) nach der Mitte zu dünner- oder, wie man sagt,

„hohlgeschliffen" werden. Die Mitte des Blattes wird nicht dünnergeschliffen, bleibt also planparallel. Man nennt sie „Flansch". Der Flanschdurchmesser beträgt ungefähr ein Drittel des Blattdurchmessers.

Was die Form der Schlifffläche anbelangt, so ist es am einfachsten, den Blattquerschnitt geradlinig zu begrenzen. Die Schliffflächen sind dann genau Hohlkegel. Zweckmäßiger für die Verwendung des Sägeblattes ist es aber, die Zähne noch stärker zu hinterschleifen. Das bedeutet hohlgewölbte, schalenförmige Schliffflächen.

Im Gegensatz dazu werden Spaltkreissägeblätter als konvexe Kegel, also an den Zähnen dünn, geschliffen. Man spricht dann von „kegelförmigen" oder „konischen Kreissägeblättern". Die Blätter sind entweder „einseitig-konisch" oder „zweiseitig-konisch". Ebenso wie bei den Hobelblättern wird auch bei den einseitigen Spaltblättern der Abschliff vielfach nicht kegel-, sondern schalenförmig gemacht. Die Engländer sehen die beschriebenen drei Formen von konischen Kreissägeblättern für so wesensverschieden an, daß sie überhaupt keinen gemeinsamen Namen dafür haben. Sie unterscheiden vielmehr stets:

Swage saws = Einseitig-konische Blätter (im engeren Sinne);

Grownd-off saws = Einseitig-konische Blätter mit schalenförmiger Schlifffläche;

Taper-ground saws = Zweiseitig-konische Blätter.

Hobelkreissägeblätter werden mit Schleifscheiben auf Magnetfuttern geschliffen, ähnlich wie plangeschliffene Kreissägeblätter. Für schalenförmigen Hohlschliff sind Sondereinrichtungen oder -maschinen erforderlich. Konische Kreissägeblätter hat man früher zwischen denselben mühlsteinartigen Steinen geschliffen wie die gleichdicken Blätter. Heute werden auch sie wohl allgemein nur mehr mit Schleifscheiben auf Präzisionsmaschinen geschliffen.

3.5. Das Polieren der Blechsägeblätter

An die Glätte und an das blanke Aussehen der Holzsägeblätter werden heute so hohe Ansprüche gestellt, daß sie mit dem Schleifen allein nicht befriedigt werden können. Deshalb muß die Oberfläche der Blätter nach dem Schleifen noch mit Schmirgel „poliert" werden. Je nachdem, ob der Schmirgel dem Werkstück trocken oder in Form eines Ölbreies zugeführt wird, unterscheidet man „Trocken-" und „Naßpolieren".

3.51. Das Naßpolieren der Langsägeblätter

Der Hauptbestandteil einer jeden Poliermaschine für Langsägeblätter, gleichgültig ob für Naß- oder Trockenschliff, ist eine mechanisch angetriebene hölzerne „Polierscheibe". Sie ist etwa 400 mm lang und hat einen Durchmesser von 400 bis 600 mm. Wegen ihrer großen Länge wird die Polierscheibe auch „Polierwalze" genannt.

Eine Naßpoliermaschine für Langsägeblätter, wie sie früher allein üblich war, aber auch heute noch anzutreffen ist, besteht aus einem einfachen, offenen Holzrahmen, in welchem die Polierwalze waagrecht gelagert ist (Abb. 18). Sie wird gewöhnlich „Polierbock" genannt.

Unmittelbar über der Polierwalze, parallel zu ihrer Welle, ist ein hölzerner Druckhebel angebracht. Dieses Druckbrett dient dazu, das Sägeblatt an die Walze anzudrücken.

Auf den Umfang der Polierscheiben zum Naßschleifen ist ein Filzbelag aufgeklebt. Auf den Filzbelag ist Schmirgel oder Elektrokorund mit Leim oder Wasserglas aufgeleimt. Die Scheibe läuft mit etwa 400 U/min, d. h. mit einer Umfangsgeschwindigkeit von etwa 13 m/sec.

Zum Polieren streicht der Polierer zunächst einen Brei auf das Sägeblatt, der aus Schmirgel (oder Elektrokorund) und Mineralöl gemischt ist.

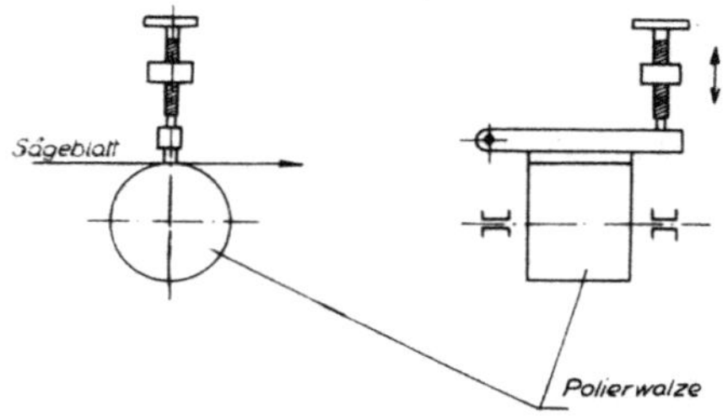

Abb. 18. Polierbock für Langsägeblätter

Dann schiebt er das Blatt mit der bestrichenen Seite nach unten zwischen Walze und Druckbrett, in der Richtung der Walzenbewegung. Soll viel fortpoliert werden, dann drückt der Polierer stärker auf den Hebel. Je geringer der Hebeldruck ist, um so stärker muß er das Blatt zurückhalten. Jedes Sägeblatt wird etwa viermal durch den Polierbock hindurchgelassen.

3.52. Das Trockenpolieren der Langsägeblätter

Bei Trockenpoliermaschinen wird das Schmirgel- oder Korundpulver der Polierscheibe trocken zugeführt, und zwar wird es auf die Oberseite des Sägeblattes aufgestreut. Das Sägeblatt muß daher bei dieser Maschinenart nicht über, sondern unter die Polierscheibe eingeführt werden (Abb. 19).

Unter der Polierscheibe ist, parallel zu ihr, eine Druckwalze angebracht. Es ist das eine Stahlwalze von etwa 90 mm Durchmesser, die mit

Gummi überzogen ist. Steckt man das Sägeblatt zwischen Polierwalze und Druckwalze hindurch, dann wird es von einem Paar Förderwalzen gefaßt. Die Förderwalzen bestehen ebenfalls aus Stahl und haben einen Durchmesser von etwa 80 mm. Die Blattgeschwindigkeit beträgt etwa 0,1 m/sec, und auch die Gummiwalze wird entsprechend dieser Geschwindigkeit angetrieben.

Die Polierscheibe dagegen läuft mit einer Geschwindigkeit von etwa 600 U/min, d. h. mit einer

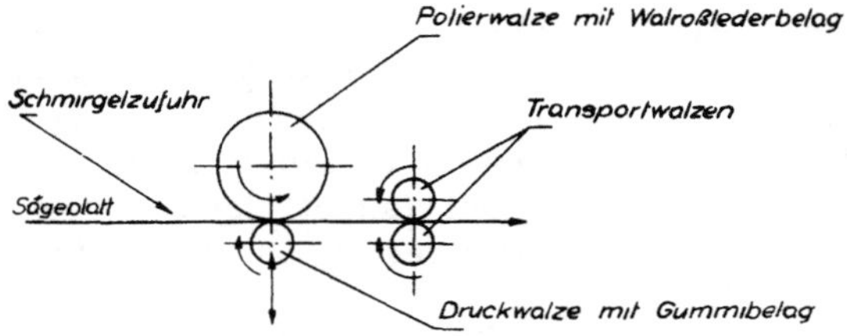

Abb. 19. Trockenpoliermaschine für Langsägeblätter

Umfangsgeschwindigkeit von etwa 16 m/sec. Der Umfang der Polierscheibe ist mit dickem, weichem Leder bezogen, nämlich mit Walroß- oder Büffelleder.

Das trockene Schmirgelpulver würde nach allen Seiten davonfliegen, wenn die Maschine nicht gekapselt wäre. Hinter der Polierscheibe muß der Schmirgel durch eine Absaugvorrichtung entfernt werden. Legt man auf besonders feine Politur Wert, so können die Sägeblätter nacheinander mit zwei verschieden feinen Körnungen poliert werden. Von der Größe der Körnung wird noch beim Polieren des Bandstahls (Abschnitt 4.64) die Rede sein.

Die Ausbringung einer Trockenpoliermaschine ist wesentlich größer als die einer Naßpoliermaschine. Sie gestattet, etwa 40 Gattersägeblätter, d. h. etwa 80 kg in der Stunde, zu polieren.

3.53. Das Naßpolieren der Kreissägeblätter

Kreissägeblätter werden wohl allgemein nur naß poliert. Die Poliermaschinen für Kreissägeblätter besitzen keine Polierscheibe, sondern sie ähneln einer Kopfdrehbank. Das zu polierende Blatt führt selbst eine Drehbewegung aus. Es wird dazu auf einer umlaufenden Stahlscheibe befestigt wie auf einem Drehbankfutter (Abb. 20).

Auf das umlaufende Sägeblatt drückt der Polierer einen Holzstempel. Er stützt ihn dabei auf eine vor dem Blatt angebrachte waagrechte Schiene. Auf ihr bewegt er ihn langsam hin und her. Von Zeit zu Zeit taucht der Polierer den Holzstempel nacheinander in Öl und Schmirgelpulver ein.

Je nach der Größe der Kreissägeblätter müssen zwei bis drei verschieden große Poliermaschinen vorhanden sein. Auf einer Kreissägenpoliermaschine können in der Stunde etwa sechs Kreissägeblätter vom Durchmesser 600 mm, d. h. etwa 35 kg, poliert werden.

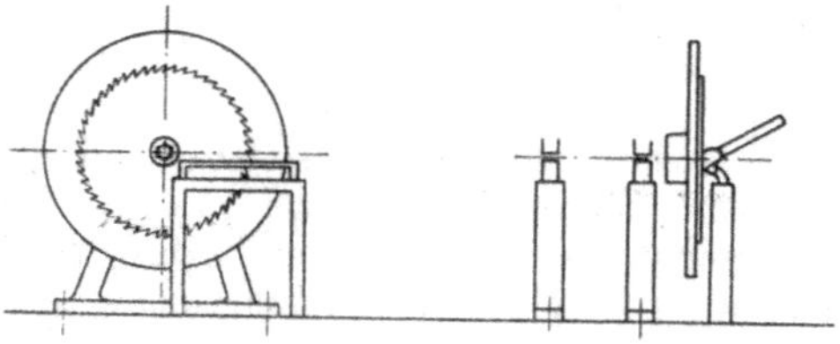

Abb. 20. Naßpoliermaschine für Kreissägeblätter

Das Polieren der Kreissägeblätter erübrigt sich, wenn sie plangeschliffen (Abschnitt 3.45) worden sind.

3.54. Das Polieren mittels Schleifbändern

In den Vereinigten Staaten werden zum Polieren von Sägeblättern und von Blechen Schleif- und Poliermaschinen verwendet, bei welchen das Schleifmittel nicht auf dem Umfang einer Walze aufgeleimt ist, sondern auf einem endlosen Leinenband (Abb. 21). Das Schleifband umschlingt eine mit Gummi überzogene Arbeitswalze, so daß die Wirkung ähnlich ist wie die einer mit Schmirgel beleimten oder bestreuten Walze.

Das Werkstück wird mit den Enden auf einem Tisch befestigt, der durch Öldruck hin- und herbewegt wird. Maschinen dieser Art werden für Schleifband-Breiten von 152 bis 1524 mm (= 6" bis 60") gebaut.

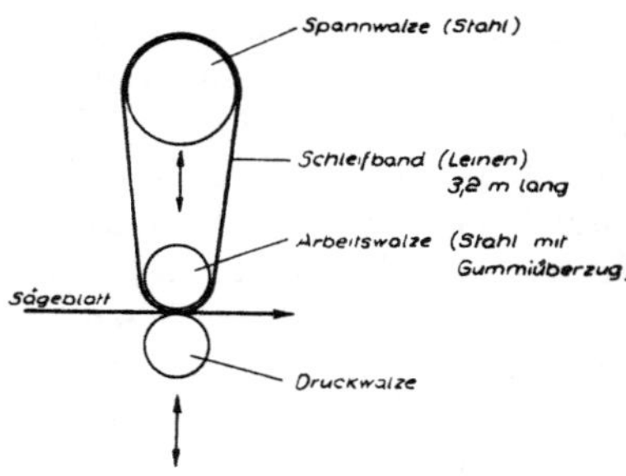

Abb. 21. Schleifband-Poliermaschine für Sägeblätter

Die Sägeblätter müssen für jede Seite ein- bis dreimal durch die Maschine hindurchgehen. Im Stück gehärtete Sägeblätter müssen vorher wohl erst auf Sandsteinen geschliffen werden. Für eine Maschine mit der Schleifbandbreite 457 mm (= 18") wird eine Ausbringung von 700 Zimmermanns-Fuchsschwänzen in der Stunde, d. h. von etwa 400 kg, angegeben. Diese Zahlen müssen aber wahrscheinlich durch die Zahl der Durchgänge dividiert werden. Ein Schleifband reicht für 400 Sägeblätter der genannten Art, d. h. für eine gute halbe Stunde.

3.6. Das Richten und Spannen der Blechsägeblätter

3.61. Das Wesen des Richtens

Wie beim Stückhärten (Abschnitt 3.23) beschrieben, verwerfen sich bei diesem Arbeitsgang die Sägeblätter mehr oder weniger. Sie werden windschief, Kreissägeblätter „schüsselförmig", oder sie bekommen Beulen. Durch das Pressen während des Abschreckens und während des Anlassens können solche Verwerfungen eingeschränkt, aber nicht ganz vermieden werden.

Ein Sägeblatt ist aber nur dann verwendbar, wenn es ganz frei von Verwerfungen ist, d. h. wenn es „eben" ist. Um Verwechslungen zu vermeiden, ist zu beachten, daß das Wort „eben" in bezug auf Sägeblätter auch noch zwei andere Bedeutungen hat. Es kann sich nämlich auch auf die eine Oberfläche allein beziehen und bedeutet dann soviel wie „glatt". Drittens nennt man, wie schon früher (in Abschnitt 1.41) gesagt, alle Lang-, Kreis- und Bandsägeblätter „eben" im Gegensatz zu den gewölbten Sägeblättern und zu den Winkelsägeblättern. „Eben" in diesem Sinne sind auch die kegelförmig geschliffenen Blätter. Denn sie haben eine ebene Mittelfläche oder wenigstens eine ebene Begrenzungsfläche.

Das „Ebenmachen" eines Sägeblattes nun, d. h. die Beseitigung aller Verwerfungen, ist eine der beiden Aufgaben des sogenannten „Richtens". Es ist nicht zu verwechseln mit dem „Glattmachen" der Blattoberfläche, das mit dem „Blankschleifen" (Abschnitt 3.42) verbunden ist und das daher erst nach dem Schwarzrichten erfolgt. Die zweite Aufgabe des Richtens ist das Geraderichten der Ränder der Sägeblätter oder, wie man auch sagt, das „Entsäbeln". Sowohl das Ebenmachen als auch das Geraderichten wird entweder durch Hämmern von Hand oder durch Walzen mittels Maschinen bewerkstelligt.

Eine Ungeradheit der Kanten kann in zweierlei Form auftreten: Entweder ist das Sägeblatt örtlich verbreitert bzw. örtlich eingezogen; man nennt es dann „bauchig" bzw. „hohl". Bauchigkeit und Hohlheit lassen sich in der Regel nicht durch Richten beseitigen. Oder das Blatt ist „säbel- oder schlangenförmig", d. h. es ist überall gleich breit und trotzdem ungerade. Solche Blätter müssen geradegerichtet, „entsäbelt" werden. Die Ungeradheit wird durch die größte Abweichung von der Geraden gemessen. Für den Rücken von Maschinensägeblättern und für die zugerichtete oder automatisch zuzurichtende Zahnspitzenlinie solcher Blätter werden Toleranzen bis herab zu 0,5 mm auf 1,5 m vorgeschrieben.

Die Ursachen der Säbelförmigkeit sind verschieden. Die Kanten eines Gattersägeblattes, das auf einer einwandfreien Tafelschere (Abschnitt 3.11) geschnitten ist, entsprechen nach dem Schneiden der vorgenannten Toleranz. Beim Ebenrichten und Spannen aber wird das Blatt manchmal säbelförmig, so daß es geradegerichtet werden muß. Das Geraderichten ist besonders wichtig bei den Bandsägeblättern. Ihre Säbelförmigkeit entsteht schon beim Walzen oder Härten des Bandstahls oder auch durch das Zahnen.

Auch Sägeblätter, die schon einmal vollständig gerichtet und gespannt waren, verwerfen sich durch den Gebrauch. Sie müssen dann nachgerichtet und nachgespannt werden. Deshalb muß auch ein Sägewerker einige Kenntnisse vom Richten und Spannen haben. Mindestens muß er imstande sein zu erkennen, ob ein Blatt ordnungsgemäß gerichtet und gespannt ist.

3.62. Das Wesen des Spannens

Wenn ein Sägeblatt völlig eben und völlig gerade ist, so genügt das noch nicht für die einwandfreie Schneidarbeit. Mindestens nicht bei den Blättern der Maschinensägen. Das Blatt muß noch gespannt werden.

Das „Spannen", von dem hier die Rede ist, hat nichts mit dem „Einspannen" des Blattes in einen Vorspannkörper (z. B. Gatterrahmen) oder über Rollen (bei Bandsägemaschinen) zu tun. Es darf auch nicht mit den durch das Einspannen hervorgerufenen „Spannungen" und elastischen Verformungen verwechselt werden. Das Spannen durch die Sägenrichter ist vielmehr eine bleibende Verformung oder „Reckung". Und zwar ist es eine Streckung des Mittelteiles des Sägeblattes, die, ebenso wie das Eben- und Geraderichten, durch Hämmern oder Walzen bewerkstelligt wird. Wenn eine Verwechslung mit den anderen Bedeutungen des Wortes „Spannung" zu befürchten ist, dann kann man von der „Richtspannung" oder „Reckspannung" sprechen. Je näher eine Stelle zur Mittellinie bzw. zum Mittelpunkt des Sägeblattes liegt, um so stärker muß sie gestreckt werden. In der nachfolgenden Abb. 22 ist das schematisch durch die Strichdicke angedeutet. Die Enden der Langsägeblätter werden von manchen Fachleuten nicht gestreckt (s. aber Abschnitte 3.62 u. 4.7).

Zur Prüfung der Spannung kann man das Sägeblatt senkrecht aufstellen oder aufhängen. Dann darf es nicht rinnen- oder schüsselförmig sein, sonst ist die Spannung zu groß. Wenn das Blatt vor dem Spannen gut gerichtet war und wenn es gut gespannt worden ist, dann muß es in der senkrechten Gleichgewichtslage genau eben sein. Nur ist infolge des Spannens der gestreckte Mittelteil des Blattes „lose" oder „locker", im Gegensatz zu den „festen" Enden und Rändern. Wenn man mit der Faust auf den Mittelteil schlägt, dann muß er schwingen, und zwar nach beiden Seiten gleich weit.

Man kann die Spannung auch messen. Dazu legt man das eine Blattende auf den Amboß, während man das andere etwas aus der waagrechten Lage anhebt. Dann biegt sich das Blatt unter dem eigenen Gewicht etwas durch. Legt man nun ein

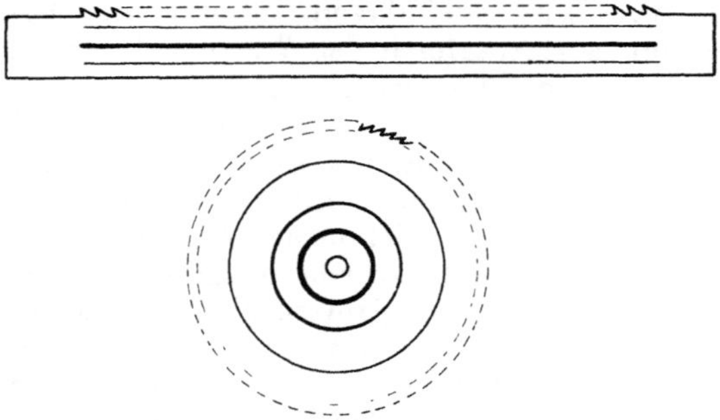

Abb. 22. Das Spannen der Sägeblätter

geradliniges Stahllineal quer über das Blatt, so zeigt dieses unter dem Rand des Lineals eine kleine „Querwölbung". Diese, d. h. die größte Breite des Lichtspalts, ist das Maß der „Spannung". Sie liegt in folgender Größenordnung[7].

Gattersägeblätter	0,25 bis 1 mm
Blockbandsägeblätter von 100 bis 300 mm Breite . . .	0,25 bis 1,2 mm
Kreissägeblätter von 600 mm Durchmesser, jedoch gemessen nur über den Halbmesser	1 mm

[7] Siehe die Veröffentlichungen von Max Dominicus (Abschnitt 9.0 dieses Buches), Durham (Abschnitt 9.0) und Schmaltz (Abschnitt 9.363) sowie AWF-Betriebsblatt 58. Der Wert 0,25 mm für Gattersägeblätter entstammt eigenen Messungen.

Macht man bei Gattersägeblättern den Lichtspalt größer als etwa 0,3 mm, so nehmen sie eine leichte zylindrische Krümmung an.

Blätter für Tischlerbandsägen, d. h. Blätter in Breiten bis etwa 60 mm, und die meisten Handsägeblätter werden überhaupt nicht gespannt.

3.63. Der Zweck des Spannens

Das Spannen dient vier verschiedenen Zwekken. Aber nur zwei davon, nämlich die Versteifung und der Ausgleich der Wärmedehnung, kommen bei allen Sägenarten vor.

(1) Versteifung: Alle Sägeblätter müssen hinreichend steif sein, um beim Schneiden nicht seitlich auszuweichen. Sonst „flattern" sie oder sie „verlaufen sich". Schon am Anfang dieser Arbeit (Abschnitt 1.1) wurde ausgeführt, daß die Vorzugseinteilung der Holzsägeblätter darauf begründet ist, auf welche Art ihnen die erforderliche Arbeitssteifigkeit gegeben wird. So besitzen „Steifsägen", wie Fuchsschwänze und Kreissägeblätter, infolge größerer Blattdicke eine besonders große „Eigensteifigkeit". Die Steifigkeit der Zugsägen wird durch den Arbeitszug bewirkt. Die Blätter der Spann- und Bügelsägen, der Gatter- und Bandsägen schließlich werden durch Vorspannung versteift.

Die Richtspannung nun erhöht alle drei Arten der Blattsteifigkeit. Die Vergrößerung der Eigensteifigkeit ist besonders deutlich bei den Kreissägeblättern. Bei den Vorspannsägen erhöht die Richtspannung die versteifende Wirkung der Vorspannung. Sie bewirkt nämlich, daß durch das Einspannen des Blattes im Vorspannkörper, z. B. im Gatterrahmen, vorzugsweise die Zahnlinie und der Zahnrücken angespannt werden, auf deren Steifigkeit es ja besonders ankommt, und nicht die Blattachse.

Aus der Versteifungsaufgabe des Spannens folgt auch, daß dünnere Blätter stärker gespannt werden müssen als dickere.

Die Entlastung der Mittelfasern, auf welcher die versteifende Wirkung des Spannens beruht, kann bei Langsägen statt durch Strecken auch durch Zerschneiden der Fasern herbeigeführt werden. Man bringt dazu in der Nähe der beiden Blattenden je ein sogenanntes „Spannungsloch" an. Man kann aber auch mehrere Spannungslöcher über die ganze Blattlänge verteilen. Dann erhält man das von Biermann eingeführte „Gittersägeblatt" (siehe den Aufsatz von Fenzl in Abschnitt 9.363).

(2) Ausgleich der Wärmedehnungsunterschiede (bei Kreissägeblättern): Die Schränkung oder Stauchung der Sägezähne verringert zwar die Reibung zwischen Blatt und Werkstück, aber sie kann sie nicht vollständig beseitigen. Wie groß bei mangelhaften Blättern die Reibung werden kann, bezeugen nur allzuoft Brandflecken auf Gatter- und Kreissägeblättern.

Bei Kreissägeblättern dringt nur der Randbereich in das Werkstück ein. Dadurch wird zunächst nur dieser erhitzt, und nur er dehnt sich aus. Wäre nun das Blatt nicht gespannt, so würde der Rand locker oder gar wellig.

Gattersägeblätter dagegen haben über die ganze Breite ungefähr dieselbe Temperatur. Nach soeben durchgeführten Messungen von Thunell (siehe die Veröffentlichung in Abschnitt 9.363, S. 19) schwankt die normale Betriebstemperatur des Blattrückens je nach der Größe des Schrankes und je nach der Blattlage zwischen 40° und 90°. Und zwar wurden 40° an einem äußeren Blatt bei einem Schrank von 0,7 mm gemessen, 90° aber an einem mittleren Blatt bei einem Schrank von 0,3 mm. Die Temperatur fällt nach den Zahnspitzen zu allmählich ab, aber höchstens um 15°.

Bei Bandsägeblättern liegen die Verhältnisse wahrscheinlich ähnlich.

(3) Ausgleich der Fliehkraftunterschiede (bei Kreissägeblättern): Jeder in Bewegung befindliche Körper ist infolge der Massenträgheit bestrebt, wenn keine äußeren Kräfte auf ihn einwirken, seine Bewegungsrichtung geradlinig beizubehalten. An einem umlaufenden Gebilde, wie ein Kreissägeblatt es ist, stellt sich dieser Beharrungstrieb so dar, als ob eine sogenannte „Fliehkraft" ständig Bestandteile des Körperumfanges tangential fortschleudern möchte. Reicht die Fliehkraft auch nicht dazu aus, wirklich Teile vom Blattumfang loszulösen, so erzeugt sie auf jeden Fall doch Zugspannungen.

Die Zugspannungen ihrerseits erzeugen elastische Dehnungen. Die Fliehkraft und die Dehnung an einer bestimmten Stelle des Blattes sind um so größer, je größer die Umlaufgeschwindigkeit dieser Stelle ist. Sie werden also von der Blattmitte bis zum Rand immer größer. Unter dem Einfluß dieser Fliehkräfte müßte der Rand des Blattes, wenn dieses nur eben gerichtet und nicht gespannt wäre, ebenso wie unter dem Einfluß der Reibungswärme locker oder wellig werden.

Zu (2) und (3). Aufgabe des Spannens ist es somit, die durch Reibungswärme und Fliehkraft verursachten vorübergehenden Dehnungen durch eine vorweggenommene bleibende Ausdehnung der der Reibung und der Fliehkraft nicht oder weniger unterworfenen inneren Blattzonen auszugleichen.

Bei dünnen Kreissägeblättern führt man manchmal dasselbe Ergebnis auf andere Art herbei. Und zwar preßt man die inneren Blattzonen während des Schneidvorganges zwischen anschmiegsame Führungsflächen, sogenannte „Pakkungen“, ein. So entsteht auch dort Reibungswärme und damit eine vorübergehende Ausdehnung.

Die durch Reibung oder Fliehkraft hervorgerufene vorübergehende Dehnung ist um so größer, je größer die Umfangsgeschwindigkeit des Blattes ist. Daraus folgt, daß Kreissägeblätter, die mit großer Drehzahl laufen sollen, stärker gespannt werden müssen.

(4) Verhinderung der Querverschiebung (bei Blockbandsägeblättern): Der Druck, den das Werkstück beim Schneiden auf ein Bandsägeblatt ausübt, ist bestrebt, das Blatt auf den Rollen zurückzuschieben. Bei den Tischlerbandsägen wird dieser Druck durch eine Rückenführung der Blätter aufgefangen. Gegenüber den großen Schneiddrücken aber, die bei Blockbandsägen auftreten, reicht eine solche Konstruktion nicht aus. Die Querverschiebung muß durch die Richtspannung des Blattes verhindert werden. Dazu muß in dem Augenblick, in welchem das Blatt über die Rollen angespannt wird, sein Querschnitt so gewölbt sein, daß zuerst nur die beiden Ränder des Bandes aufliegen.

Wieso ist diese Querwölbung eine Folge der Richtspannung? Es ist bereits beschrieben worden, wie die Größe der Richtspannung eines Blattes gemessen wird (in Abschnitt 3.62). Danach ist ein gespanntes Blatt, so lange es senkrecht aufgestellt oder aufgehängt wird, ganz eben. Biegt man es aber ab, dann bekommt es einen leicht rinnenförmigen Querschnitt. So treibt auch bei einem mit Richtspannung versehenen Blockbandsägeblatt das Abbiegen über die Rollen den lockeren Mittelteil als Querwölbung heraus. Beim geradlinigen Durchlauf durch das Werkstück aber ist das Blatt ganz eben.

Mit den Mitteln der höheren Mathematik ist es möglich, alle Spannungen zu berechnen, die in einem Sägeblatt auftreten. So könnte die erforderliche Größe und Verteilung der Richtspannung für die verschiedenen vorkommenden Betriebsverhältnisse berechnet werden. Auf Grund dieser Werte wieder könnten die bekannten Spannmaschinen und Spannungsmeßgeräte verbessert und vermehrt werden. Eine solche Berechnung ist aber nur ein einziges Mal angestellt bzw. veröffentlicht worden, nämlich von Schmaltz in bezug auf Blockbandsägeblätter (s. Abschnitt 9.363)[8].

3.64. Die Durchführung des Richtens und Spannens, besonders von Hand

Für Sägeblätter, die stückweise gehärtet worden sind, genügt bei der Herstellung ein einmaliges Richten und Spannen nicht. Diese Arbeitsgänge müssen vielmehr auf einer bis drei weiteren Herstellungsstufen wiederholt werden. Das Spannen läßt sich in der praktischen Durchführung nicht von dem Richten trennen. Jedes neue Richten muß mit einem Spannen verbunden sein, und meist auch umgekehrt.

Man unterscheidet bei Kreissägeblättern die nachfolgenden Wiederholungen des Richtens und Spannens:

(1) Schwarz-Vorrichten: nach dem Härten,
(2) Schwarz-Nachrichten: nach dem Zahnen,
(3) Blank-Vorrichten: nach dem Schleifen,
(4) Blank-Nachrichten: nach dem Polieren.

---

[8] Soeben hat Lindholm eine rechnerische Untersuchung über die durch Wärme verursachten Verwerfungen der Kreissägeblätter veröffentlicht (s. Abschnitt 9.363). Bezüglich der Fliehkraft bei Kreissägeblättern siehe Föppl (Abschnitt 9.363).

Denn beim Zahnen, Schleifen und Polieren verzieht sich das Sägeblatt immer wieder aufs neue. Bei Langsägeblättern entfällt das erste Schwarzrichten (1) und das erste Blankrichten (3). Auch bei vielen Kreissägeblättern kann das erste Schwarzrichten entfallen. Voraussetzung ist, daß das Blatt schon durch die Abschreck- und die Anlaßpresse hinreichend eben gemacht worden ist.

Die Hilfsmittel für das Richten und für das Spannen sind, wie schon gesagt, dieselben. Und zwar kann man das Blatt entweder durch Hämmern oder durch Walzen eben machen, entsäbeln und in der Mitte strecken.

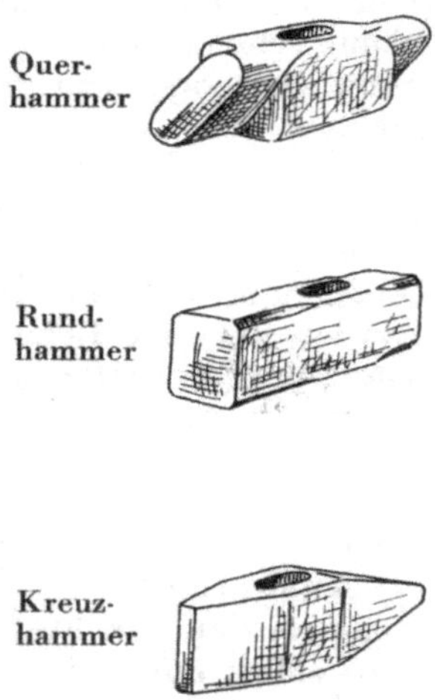

Abb. 23. Richthämmer

Gehämmert wird immer nur von Hand. Drucklufthämmer sind nicht feinfühlig genug. In einer großen Sägenfabrik besteht Arbeitsteilung zwischen Schwarz- und Blankrichtplätzen. An den Schwarzrichtplätzen arbeiten Schwarzrichter, welchen für Kreissägeblätter noch je ein Draufschläger zugeteilt ist. Bevor der Schwarzrichter nach dem Zahnen mit der Richtarbeit beginnt, entgratet er durch Hammerschläge das Blatt. Die Blankrichter arbeiten bei allen Sägeblattarten allein. Jeder Blankrichter zeichnet das fertiggespannte Blatt mit seinem Schlagzeichen (Abschnitt 3.91).

Richthämmer müssen in etwa sechs verschiedenen Formen und Größen vom Stahlwerk bezogen werden (Abb. 23).

Rundhämmer von 1,5 kg,
Kreuzhämmer von 2 und 3 kg,
Querhämmer von 1,5, 2,5 und 3,5 kg.

Kreuz- und Querhämmer haben zwei Finnen, an jedem Ende eine. Bei den Kreuzhämmern steht die eine Finne parallel zum Stiel, die andere steht senkrecht dazu. Bei den Querhämmern sind beide Finnen parallel zueinander, und zwar sind sie um 45° gegen den Stiel gedreht. Die Querhämmer sind die wichtigsten Richthämmer. Ihre Finne schleift sich der Richter selbst zu, und zwar rund zum Schwarzrichten und flach zum Blankrichten.

Als Unterlage beim Richten und Spannen sind gewöhnliche Ambosse nicht verwendbar. Richtambosse haben eine Bahn von etwa 300 mm × × 200 mm und eine Höhe von etwa 350 mm. Sie werden auf eine Lehmsäule aufgestellt, die durch ein bereiftes Faß zusammengehalten wird. Die Bahn des Ambosses ist ballig. Und zwar beträgt die Pfeilhöhe in der Längsansicht etwa 2,5 mm ($\triangleq$ 6 m Krümmungshalbmesser), und in der Seitenansicht etwa 1,5 mm ($\triangleq$ 4,5 m).

Ausbringung: Ein vollwertiger Sägenspanner, der alle Stufen des Richtens und Spannens selbst durchführt, kann an Kreissägeblättern durchschnittlich 8 kg/h und an Gattersägeblättern durchschnittlich 16 kg/h fertigstellen. Dabei ist vorausgesetzt, daß die Sägeblätter in Badpressen mittlerer Güte abgeschreckt und angelassen werden und daß der verarbeitete Stahl nicht übermäßig zum Verwerfen neigt. Treffen diese durchschnittlichen Betriebsverhältnisse nicht zu, dann kann die Ausbringung eines Sägenspanners stark nach unten oder oben abweichen.

3.65. Die Richt- und Spannmaschinen

Das Walzen der Sägeblätter erfordert auf jeden Fall eine Maschine, und zwar eine Maschine mit Kraftantrieb. In einer solchen Richtmaschine, manchmal auch „Richtwalze“ oder „Walzmaschine“ genannt, wird das Blatt zwischen zwei übereinander waagrecht angeordneten Stahlwalzen hindurchgelassen.

Alle Richtmaschinen ähneln im Prinzip einem Kaltwalzgerüst (Abschnitt 4.1), wenn sie auch viel einfacher konstruiert sind. Die Walzen selbst aber haben in der Regel nicht genau die Form länglicher Zylinder, die für die Walzen der Kaltwalzgerüste kennzeichnend ist. Denn mit rein zylindrischen Walzen ist nur ein Ebenrichten möglich, aber kein Geraderichten und Spannen. Man findet aber solche „Rollen-Richtmaschinen“ manchmal in Sägenfabriken verwendet, um dünne Sägeblätter, z. B. Bügelsägeblätter oder Schweifsägeblätter, ebenzumachen, wenn sie rinnenförmig kaltgewalzt sind oder wenn sie sich beim Schneiden oder Zahnen verdreht haben.

Viel häufiger werden Richtmaschinen zum Geraderichten (= Entsäbeln) und Spannen, also zum Strecken von Blatteilen verwendet. Die Walzen solcher Säbelricht- und Spannmaschinen müssen je eine oder zwei schmale Bahnen von größerem Durchmesser aufweisen, die sich paarweise gegenüberstehen (Abb. 24).

Denn nur solche schmale Bahnen sind imstande, gehärteten Bandstahl zu strecken. Spannmaschinen werden in der Regel nur für Bandsägeblätter verwendet: leichte für Tischler-Bandsägeblätter, schwerere für Blockbandsägeblätter. Sie sind aber auch für Gattersägeblätter geeignet, nur müssen sie dann noch wesentlich schwerer gebaut sein. Außerdem muß dann eine Möglichkeit vorgesehen sein, die Enden der Gattersägeblätter ungestreckt zu lassen (s. Abschnitte 3.62 und 4.7).

Grundsätzlich müßte auch das Spannen von Kreissägeblättern durch Maschinen möglich sein, bei welchen das Blatt zwischen zwei Spannwalzen durchgedreht wird. Ausgeführte Konstruktionen dieser Art sind aber bisher nicht bekanntgeworden.

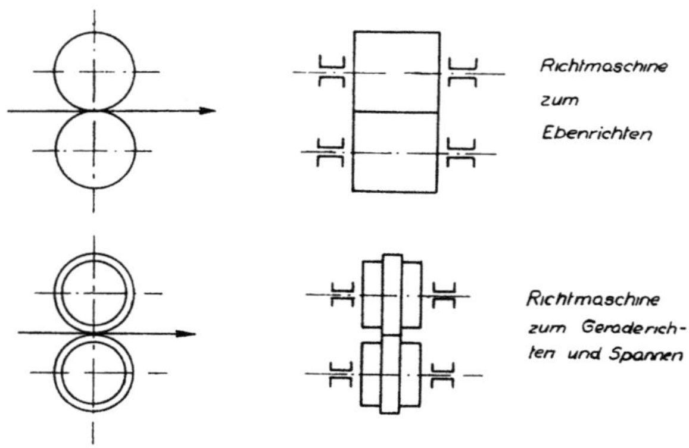

Abb. 24. Richt- und Spannmaschinen für Sägeblätter

Das Spannen der Sägeblätter von Hand ist eine Kunst, die nicht jeder zu erlernen fertigbringt. Das Spannen ist deshalb der personelle Hauptengpaß jeder Sägenfabrik. Obwohl Sägenspanner, zumal wenn sie sogar große Kreissägeblätter spannen können, hoch bezahlt werden, so ist doch der Nachwuchs in diesem dreijährigen Lehrberuf ganz unzureichend. Der Mangel an guten Sägenspannern ist in der ganzen Welt derselbe. Darum sind Kreissägeblätter ein begehrter Ausfuhrartikel. Es würde sich lohnen, der Weiterentwicklung der Abschreck- und Anlaßpressen und der Spannmaschinen, also dem mechanischen Warmrichten, Kaltrichten und Spannen, mehr Augenmerk zu schenken als bisher.

3.66. Der Probelauf von Kreissägenblättern

Große Kreissägeblätter kommen nach dem letzten Richten und Spannen, also nach dem Blank-Nachrichten, auf den Prüfstand. Ein solcher Prüfstand ist nicht viel mehr als eine Kreissägemaschine.

Der Prüfling wird auf der Kreissägewelle mittels eines Spannkegels zentrisch befestigt. Nachher läßt man das Blatt umlaufen, wobei man ein Kreidestück vorsichtig an seinen Rand heranbringt, und zwar sowohl in radialer als auch in axialer Richtung. Das Blatt darf weder merklich unrund sein, noch darf es seitlich schlagen. Ist das Blatt nicht fehlerfrei, dann zeigen die schlechten Stellen Kreidespuren. Aber allein schon das beim Laufen entstehende Geräusch läßt es erkennen, wenn das Blatt fehlerhaft ist. Das Blatt muß dann zurück auf den Amboß, und auch die Unrundheit muß irgendwie beseitigt werden.

Dem Fehler der Unrundheit verwandt ist eine ungleiche Massenverteilung um den Mittelpunkt herum. Dieser Fehler ist daran erkennbar, daß das Blatt nicht in jeder beliebigen Drehlage stehen bleibt, sondern sich immer von selbst in eine bestimmte Ruhelage dreht. Das Blatt muß dann ausgewuchtet oder ganz ausgeschieden werden. Zum Auswuchten werden gewöhnlich einzelne Stellen abgeschliffen.

3.7. Das Zurichten der Sägenzähne

Die Zähne eines Sägeblattes, so wie sie aus der Zahnmaschine kommen, auch nach Entgratung durch den Schwarzrichter, sind noch nicht zum Schneiden geeignet. Man sagt, sie sind noch nicht

„schnittfertig". Sie müssen erst „zugerichtet" werden. D. h. sie müssen zunächst, falls nicht etwa das Freischneiden der Zähne durch Hinterschleifen des Schneidrandes hinreichend gesichert ist, geschränkt oder gestaucht werden. Nachher müssen sie geschärft und gegebenenfalls abgerichtet werden. Auch diese Arbeitsgänge gehören noch zum „Zurichten".

Jedes Sägeblatt wird von der Fabrik höchstens einmal zugerichtet, vom Benutzer des Blattes aber viele Male. Selbst die erste Zurichtung der Sägenfabrik wird von vielen Sägenbenutzern erst verbessert, ehe sie das Blatt in Verwendung nehmen. Das Schränken und Schärfen kann deshalb nicht als Wesensbestandteil der fabriksmäßigen Herstellung der Sägeblätter betrachtet werden. Es wäre denn, daß das Schränken als Festigkeitsprobe verwendet wird und das Schärfen als Ausgleich für ungleichmäßiges Zahnen. Manche Sägenfabriken haben zwar Schärfautomaten, aber keinen selbsttätigen Vorschub zum Zahnen der Kreissägeblätter. Und auch mangelhafte Maschinenpflege führt zu ungleichmäßigen Teilungen.

Das Zurichten der Sägezähne ist dementsprechend in der für die Sägenbenutzer bestimmten Lehrmittel- und Zeitschriftenliteratur sehr ausführlich behandelt. In dem vorliegenden Zusammenhang genügt es deshalb, die verschiedenen Zurichtungsverfahren kurz aufzuzählen.

3.71. Das Schränken

Geschränkt wird von Hand, d. h. mit Handwerkzeugen, oder mit Maschinen. Die Maschinen der Sägenbenutzer werden vielfach von Hand betrieben. Die Sägenfabriken dagegen verwenden stets Maschinen mit Kraftantrieb.

Je nach der Form des Werkzeuges und der Kraftwirkung ergibt sich etwa die nachfolgende Einteilung:

Handwerkzeuge zum Schränken	Schränkmaschinen (mit Hand- oder Kraftantrieb)
1. Schränkeisen u. Schränkzangen	1. Maschinen mit Schränkfingern oder Schränkzangen
2. Schränkrollen („Rollschränker“)	2. Maschinen mit Schränkrollen
3. Hämmer mit Stempel u. Holzunterlage oder mit Schränkgesenk („Schlagschränker“)	3. Maschinen mit Stempel u. Gesenk (Pressen, z. B. Zahnautomaten)

Schränkrollen sind nur für dünne Sägeblätter verwendbar. Hämmer und Pressen kommen in der Regel nur für Sägenfabriken in Betracht.

3.72. Das Stauchen

Statt die Sägezähne zu schränken, d. h. nach der Seite zu biegen, kann man auch ihre Spitze durch „Stauchen“ verbreitern. Das geschieht jedoch nur bei Spalt- und Blockbandsägeblättern. Aber auch solche breite Bandsägeblätter werden vielfach noch geschränkt und nicht gestaucht[9].

Zum Stauchen dienen handbetätigte Stauchapparate. In einigen Sägenfabriken werden auch Drucklufthämmer verwendet.

3.73. Das Schärfen

Zum Schärfen der Sägezähne dienen entweder Feilen oder Schleifscheiben.

[9] In einigen Ländern hat man begonnen, auch Gatter- und Kreissägeblätter zu stauchen. Die Standzeit soll dadurch erhöht werden. (Siehe z. B. die Arbeit von Thunell in Abschnitt 9.363, S. 19.)

Für Waldarbeiter und kleine Tischler kommt naturgemäß nur das Feilen von Hand in Betracht. Es werden aber auch Feilmaschinen zum Schärfen gebaut, insbesondere für Bandsägeblätter.

Bei hochwertigen, also harten Sägeblättern greifen Feilen schlecht an. Das Schärfen mittels Schleifscheiben geht dann viel schneller. Deshalb hat jedes größere Sägewerk ebenso wie die Sägenfabriken Schärfautomaten mit Schleifscheiben. Solche Schleifautomaten werden aber nur für Gatter-, Kreis- und Bandsägeblätter gebaut. Für die Zahnung der Bügelsägeblätter und für die gekrümmte Zahnlinie der Zugsägen gibt es keine Schärfautomaten.

Als die Sägenfabriken im Kriege große Mengen Zugsägen und Bügelsägeblätter in geschärftem Zustand an die Wehrmacht liefern mußten, behalfen sie sich mit den bekannten kleinen Werkzeugschleifmaschinen. Die Schärferin hielt das Sägeblatt in waagrechter Lage vor die Schleifscheibe. In rascher Folge brachte sie Zahn für Zahn mit der Schleifscheibe in Berührung. Die Güte dieser Schärfung bleibt aber weit hinter sorgfältiger Handschärfung mittels Feilen zurück. Außerdem war die Staubentwicklung auf die Dauer unerträglich. Denn solche Werkzeugschleifmaschinen besitzen im Gegensatz zu den Schleifautomaten keine Staubabsaugung. Beim Werkzeugschleifen werden sie ja nur kurzzeitig und überwiegend für Naßschliff verwendet.

3.8. Die Vorbereitung der Blattenden für die Anfassung

Sobald ein Sägeblatt bis auf die Enden fertiggestellt ist, muß dafür gesorgt werden, daß der Säger oder die Sägemaschine es irgendwie „anfassen" kann. Die Enden der Laubsägeblätter werden lediglich zwischen Klemmstücken eingespannt, brauchen also keine besondere Ausbildung. Bei Bandsägeblättern werden die Enden lediglich zusammengelötet (Abschnitt 5.1). Bei allen anderen Sägeblattarten aber ist eine besondere Ausbildung der Blattenden notwendig.

3.81. Das Lochen und Zuschneiden

Die einfachste Ausbildung des anzufassenden Blattendes besteht im Lochen. Ein bloßes Lochen genügt bei den Baumsägeblättern (Abb. 25). Bei den anderen Sägeblattarten kommt aber zu dem Lochen meist noch ein Zuschneiden des Blattendes hinzu. Die Bügelsägeblätter z. B. müssen rund zugeschnitten werden, damit keine Ecken aus den Bügeln hervorstehen. Den Enden der Spannsägeblätter müssen schmale Angeln angeschnitten werden, damit sie in die Bohrungen der Holzgestelle hineinpassen.

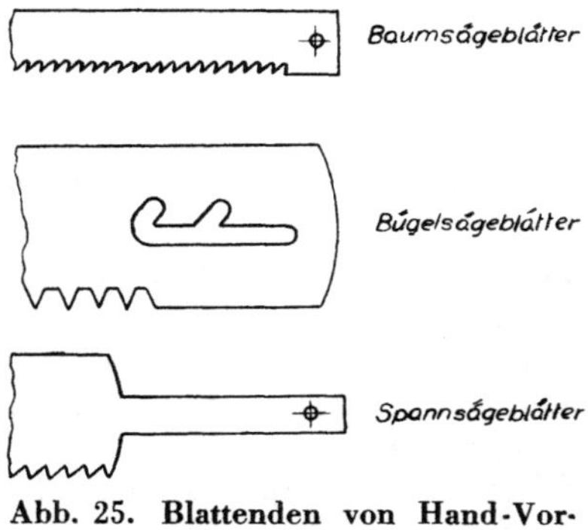

Abb. 25. Blattenden von Hand-Vorspannsägen

Bei den Blättern aller dieser Hand-Vorspannsägen sind die Löcher Stiftlöcher, d. h. sie dienen zur Verstiftung mit dem Vorspannkörper, also mit dem Bogen, Bügel oder Gestell. Aber auch die Stiftlöcher und Nuten der Kreissägeblätter dienen dem Zweck der Anfassung.

Alle Anfaßlöcher werden in hergebrachter Weise auf Exzenterpressen durch Schnittstempel hergestellt.

3.82. Die Befestigung der Hefte

Auch bei den meisten Handsteifsägen, z. B. bei den abgebildeten Fuchsschwänzen, müssen die Blattenden zum Zwecke der Anfassung gelocht werden (Abb. 26).

Aber die Blätter der Handsteifsägen werden nicht lose an den Händler oder Verbraucher geliefert. Sie müssen erst noch mit einem Heft

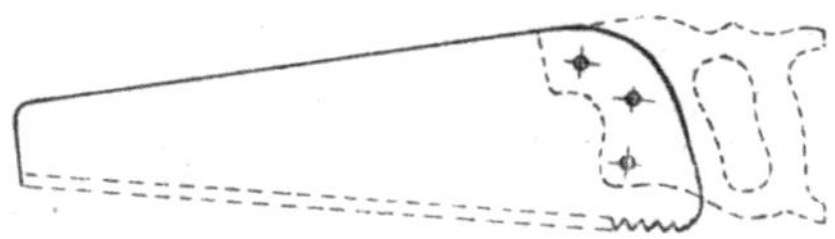

Abb. 26. Fuchsschwanz, Befestigung des Heftes

verbunden werden. Das geschieht entweder durch Nieten oder durch Hülsenschrauben. Der Schließkopf der Nieten wird gewöhnlich von Hand durch Hammerschläge gebildet. Die schöne, massive Ausführung der Nieten und Schrauben, besonders ihrer Köpfe, spielt für die Ausfuhr der Handsteifsägen in die westlichen und überseeischen Länder eine entscheidende Rolle. Als Werkstoff wird deshalb vorzugsweise Messing gewählt. Die Aufwendungen für diesen Zweck gehen nach amerikanischem Beispiel weit über die technische Zweckmäßigkeit hinaus.

3.83. Spitzangeln und Öhre

Zugsägen werden beim Schneiden an senkrechten Heften gehalten. Aber die Hefte werden nicht immer mit der Säge mitgeliefert. Damit sie aufgesteckt werden können, muß in der Sägenfabrik an jedem Blattende eine Spitzangel oder ein Öhr befestigt werden (Abb. 27).

Das geschieht meistens unlösbar, nämlich durch Nieten oder Schweißen. Zum Nieten dient eine Exzenterpresse oder eine Nietmaschine. Geschweißt wird mit einem elektrischen Punktschweißer. Das Punktschweißen hat den großen Vorteil, daß die fertige Schweißstelle dünngeschliffen werden kann. Zugsägen mit solchen dünnen Enden können leichter der Länge nach aus dem Sägespalt herausgezogen werden.

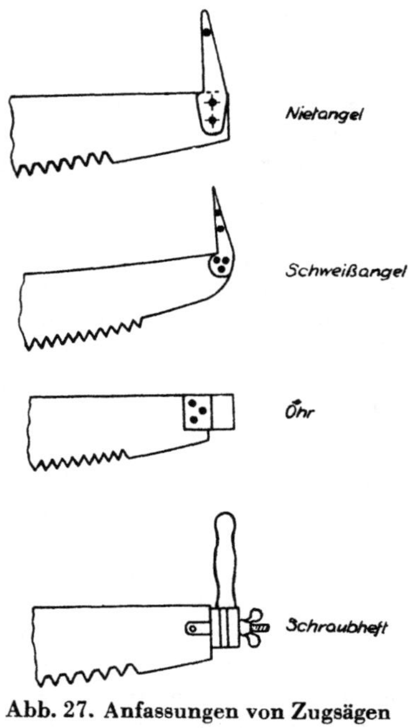

Abb. 27. Anfassungen von Zugsägen

Für die lösbare Befestigung der Hefte werden Schraubhefte verwendet. Das Blattende muß dann gelocht oder auf der Zahnseite eingekerbt werden.

3.84. Die Anfassung der Gattersägeblätter

Jedes der beiden Enden eines Gattersägeblattes wird mit Hilfe einer sogenannten Angel am Gatterrahmen aufgehängt. Eine Angel besteht im wesentlichen aus einem Stahlstreifen (oder Stahlstreifenpaar) von etwa 40 mm Breite, „Stiel“ genannt, der an einem Ende einen Anfaßteil und am anderen Ende ein Querstück hat. Der Anfaßteil faßt das Blattende, und der Querteil ruht auf dem Gatterrahmen auf. Zum Anspannen des Blattes wird die wirksame Stiellänge kontinuierlich verkleinert. Zu diesem Zweck wird das Querstück der Angel durch einen Keil oder eine Schraube oder einen Exzenter ergänzt.

Der Anfaßteil der Angel ist stets gespalten, damit er das Blattende von beiden Seiten umfangen kann. Je nach der Art seiner Befestigung am Blatt ist er verschieden ausgebildet. Man unterscheidet danach „Nietangeln“ und „Einschubangeln“ (Abb. 28).

Bei den Nietangeln wird das Anfaßende mit ein bis vier Nieten auf das Blatt aufgenietet. Das Lochen der Blattenden und das Vernieten weisen keine bemerkenswerten Besonderheiten gegenüber dem Beleisten der Blätter auf, das noch besprochen wird.

Nietverbindungen gehören zu den sogenannten „unlösbaren“ Verbindungen, d. h. sie können nicht ohne Zerstörung gelöst werden. Für die Sägewerke haben Nietverbindungen außerdem den Nachteil, daß sie an Ort und Stelle schwer genau hergestellt werden können. Die Nietstelle muß aber im Sägewerk versetzt werden, sobald das Blatt durch wiederholtes Nachfeilen oder durch Nachzahnen schmäler geworden ist. Deshalb werden vielfach gestauchten Nieten sogenannte „Patentnieten“ vorgezogen. Das sind in Wirklichkeit gar keine Nieten, sondern Schrauben oder Splinte oder Federkeile.

Nietangeln sind nicht günstig für die richtige Verteilung der Zugspannungen im Blatt. Sie werden deshalb immer mehr durch Einschubangeln

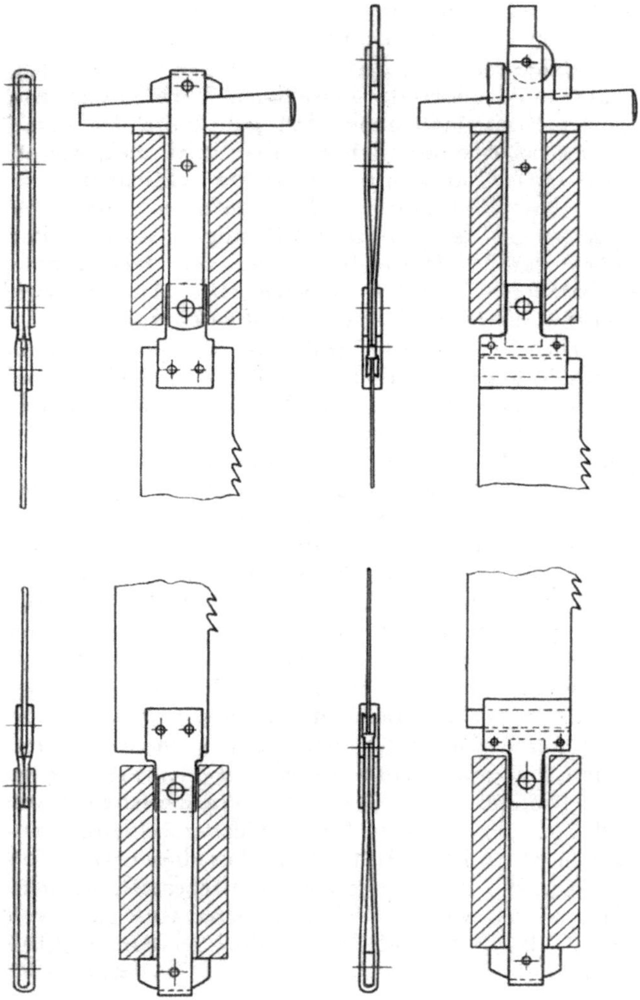

Nietangel Einschubangel

Abb. 28. Angeln für Gattersägeblätter

verdrängt. Nur für das Schneiden ganz dünner Bretter in Spaltgattern sind sie unentbehrlich.

Einschubangeln ermöglichen eine lösbare und jederzeit verstellbare Verbindung zwischen Blatt und Angel: Auf jede Seite des Blattendes wird eine „Leiste" aus Stahl aufgenietet. Die eine Längskante der Leiste schließt bündig mit dem Blattende ab. Das Anfaßende der Einschubangel ist ein zangenförmiger Kasten, der über das beleistete Blattende, den sogenannten „Blattkopf", geschoben wird. Die Auflage zwischen Leisten und Angel ist abgeschrägt.

Die Beleistung und die Angelkasten müssen sehr genau gearbeitet sein, sonst biegen sich die Leisten oder die Kasten ab. Die Herstellung der Beleistung ist verschieden, je nachdem, ob es sich um Einzel- oder Serienfertigung handelt.

Wegen der gegenwärtigen Vielgestaltigkeit der von den Sägewerken gewünschten Ausführungen ist beim Beleisten im allgemeinen nur Einzelfertigung möglich. Es werden nämlich mindestens dreizehn verschiedene Leistenbreiten zwischen 20 und 50 mm und viele Dicken zwischen 2 und 5 mm verlangt. Die Leisten werden deshalb fallweise aus Abfällen der Sägenbleche ausgeschnitten und nachher gehobelt. Die verlangte Zahl der Leistennieten schwankt zwischen fünf und neun, und auch die gewünschte Anordnung ist verschieden. Die Nietendurchmesser schwanken zwischen 6 und 10 mm, der Werkstoff der Nieten schwankt zwischen St 34.13 und St 70.11. Aus diesen Gründen müssen die Nietlöcher einzeln hergestellt werden. Die Nieten werden kalt gestaucht, und zwar von Hand. Die Setz- und Schließköpfe werden nachher mit Schleifscheiben oder auf dem Kniestein bündig geschliffen.

Bei der Serienfertigung beleisteter Gattersägeblätter kann das Beleisten ganz erheblich vereinfacht werden. Dann werden die Leisten aus Profilstangen abgelängt, die im Stahlwerk warmgewalzt und kalt nachgezogen worden sind. Sämtliche Nietlöcher eines Blattendes einer Leiste werden durch einen einzigen Pressendruck hergestellt, nämlich mittels eines Vollschnittes. Sie passen dann auch mit Sicherheit aufeinander.

Eine solche Serienfertigung beleisteter Blätter kennen die österreichischen Sägenfabriken nur von der Ausfuhr in einen ausländischen Staat. Es besteht aber Aussicht, daß sie durch die im Gange befindliche Sägennormung auch für Österreich ermöglicht werden wird. Das hätte große praktische Bedeutung auch für die Sägewerke, weil dadurch die Lieferzeiten der Sägenfabriken für beleistete Blätter ganz erheblich abgekürzt werden könnten. Das Einzeln-Beleisten paßt nämlich nicht in den Arbeitsrhythmus einer modernen Sägenfabrik. Die Lieferzeiten für beleistete Blätter betragen infolgedessen zur Zeit ein Mehrfaches oder Vielfaches der Lieferzeit für unbeleistete.

Das Beleisten der Blätter könnte vielleicht auf eine andere Art noch mehr vereinfacht werden, nämlich durch elektrisches Punktschweißen. Versuche in dieser Richtung sind wiederholt gemacht worden. Es ist aber bisher nicht gelungen, ein Ausreißen der Schweißstellen ganz zu verhindern.

3.9. Das Kennzeichnen und Verzieren der Sägeblätter

3.91. Das Kennzeichnen

In dem Entwurf der 2. Ausgabe des Normblattes DIN 5134, Blatt 1, vom Juli 1944 ist vorgeschrieben, daß jedes Sägeblatt mit folgenden Kennzeichen zu versehen ist:

(1) Werkstoffkennzeichen SM oder E usw. Die verschiedenen Werkstoffkennzeichen sind schon früher (in Abschnitt 2.1) zusammengestellt worden,

(2) Name oder Firmenzeichen des Herstellers,

(3) Zeichen „DIN", Nummer des speziellen Normblattes über die betreffende Sägenart, etwaige sonstige in dem speziellen Normblatt vorgeschriebene Kennzeichen. (Sobald ein spezielles DIN-Blatt bereits durch ein Önormblatt ersetzt ist, sind die speziellen Kennzeichen selbstverständlich diesem zu entnehmen.)

In DIN 5134 heißt es weiter: „Die Zeichen sind deutlich sichtbar und dauerhaft auf dem Sägeblatt anzubringen", und zwar bei Bandsägeblättern „in laufenden Abständen von etwa 3 m". Zur Erfüllung dieser Vorschrift wird in den Sägenfabriken der vorgeschriebene Wortlaut, oft ergänzt durch eine Jahreszahl, in die Oberfläche des gehärteten und polierten Stahles kalt eingeprägt.

Dazu wird der Wortlaut in mehrere Teile zerlegt, und jeder Teil wird auf einen Stahlstempel graviert. Nach dem Gravieren wird der Stempel gehärtet. Beim Prägen des Blattes werden diese Stempel als Schlagstempel verwendet, d. h. sie werden auf das Sägeblatt aufgesetzt und durch einen Hammerschlag von Hand in die Blattoberfläche hineingetrieben. Der Hammer kann durch eine Spindelpresse ersetzt werden. Dann wird der Eindruck gleichmäßiger. Wegen der großen Härte der Sägeblätter ist die Lebensdauer der Schlagstempel gering.

Man hat versucht, die Sägeblätter statt durch Schlagstempel durch Rollstempel unter einer Art Presse zu prägen. Auf einem solchen Rollstempel ist der ganze Wortlaut eingraviert, und der Stempel wälzt sich unter Druck auf dem Sägeblatt ab. Es hat sich jedoch gezeigt, daß der Abdruck auf gehärteten Blättern nicht tief genug ist. Walzt man aber, um einen tiefen Eindruck zu erzielen, den Rollstempel schon auf dem ungehärteten Blatt ab, dann geht der Eindruck beim Schleifen wieder verloren. Lediglich im Kriege, als die Sägeblätter überhaupt nicht geschliffen und poliert werden durften, hat sich das Aufrollen der Zeichen auf die ungehärteten Blechsägeblätter als zweckmäßig erwiesen.

Die Rollstempel für Blechsägeblätter, die sich im allgemeinen nicht bewährt haben, sind als „Stückrollstempel" von den gut brauchbaren Rollstempeln für Bandstahl, den „Bandrollstempeln", zu unterscheiden. Von diesen wird bei der Herstellung des Sägenbandstahls (in Abschnitt 4.2) zu sprechen sein.

Außer den erwähnten Herstellerangaben findet sich auf Kreissägeblättern ein weiteres Schlagzeichen, nämlich das „Richterzeichen". Das Richterzeichen ist ein Buchstabe oder ein anderes Zeichen, aus welchem im Falle von Beanstandungen der verantwortliche Blankrichter zu erkennen ist. Jeder Blankrichter schlägt dieses Zeichen selbst in das Sägeblatt ein, und zwar schon gelegentlich des zweiten Blankrichtens (Abschnitt 3.64).

3.92. Das Verzieren

Die Herstellung großer Sägeblätter erfordert mannigfaltige, lange Erfahrung. Der Ruf des Herstellers spielt für den Käufer eine größere Rolle als bei vielen anderen Erzeugnissen. Deshalb begnügen sich alteingeführte Sägenfabriken nicht damit, ihr Firmenzeichen nur in kleinem Maßstab dauerhaft in das Sägeblatt einzuschlagen, wie die Norm es vorschreibt. Sie ergänzen vielmehr das

Prägebild durch auffällige, wenn auch vergängliche Ätz- oder Abziehbilder.

Zum Ätzen werden Säuren verschiedener Zusammensetzung verwendet, z. B. ein Gemisch von seleniger Säure, Kupfersulfat und Salpetersäure. Geätzt wird im Anschluß an das Polieren (Abschnitt 3.5) oder nach dem Blank-Nachrichten (Abschnitt 3.64). Das Blatt wird zunächst mit Kreidepulver abgerieben. Dann wird ein Gummistempel in die Säure getaucht und auf das Blatt aufgedrückt. Nach einigen Sekunden wird Öl auf die Säure aufgebracht, und Öl und Säure werden fortgewischt.

Sind die Sägeblätter vor dem Ätzen schon blank nachgerichtet worden, dann können sie jetzt dem Packraum oder dem Fertigwarenlager zugeleitet werden. Nur große Kreissägeblätter müssen vorher noch den früher (in Abschnitt 3.66) beschriebenen Probelauf bestehen.

4. Die Herstellung des gehärteten Bandstahls für Holzsägeblätter

Die bisher beschriebenen Arbeitsvorgänge und Arbeitsverfahren bezogen sich auf warmgewalzte Stahlbleche, die erst in der Sägenfabrik gehärtet werden. Nun können aber, wie schon bei der Werkstoffauswahl (Abschnitt 2.2) auseinandergesetzt, alle Sägeblätter, mit Ausnahme der großen Kreissägeblätter, auch aus kaltgewalztem Bandstahl hergestellt werden, welcher der Sägenfabrik schon in gehärtetem und poliertem Zustand aus einem Kaltwalzwerk angeliefert wird. Die Verarbeitung solcher Bandstähle zu Sägeblättern muß noch beschrieben werden.

Vorher ist es aber erforderlich, die Herstellung des gehärteten Kaltbandes zu verfolgen.

Der Bandstahl durchläuft im Kaltwalzwerk im wesentlichen dieselben Arbeitsgänge wie das Stahlblech in der Sägenfabrik. Vom Walzen, Härten, Polieren und Richten im Kaltwalzwerk ist die Güte der Bandstahlsäge genau so abhängig wie die der Blechsäge vom Härten, Schleifen, Polieren und Richten in der Sägenfabrik. Nur ein Vergleich, wie diese Arbeitsstufen am laufenden Band und im Stück durchgeführt werden, kann etwaige Vor- und Nachteile der Blechsäge und der Bandstahlsäge erkennen lassen. Auch bei Sägeblättern aus fertigbezogenem Bandstahl ist die Sägenfabrik für Maßhaltigkeit, Härte und Spannung voll verantwortlich. Auch aus diesem Grund haben einige von den großen Sägenfabriken ihrer Sägenfertigung ein betriebseigenes Kaltwalzwerk vorgeschaltet.

4.1. Das Kaltwalzen des Bandstahls

Als Beispiel für das Kaltwalzen werde das Walzen eines Bandstahls für Bandsägeblätter beschrieben. Er soll im fertigen Zustand einen Querschnitt von 25 mm × 0,75 mm haben.

Das Warmband hat einen Querschnitt von etwa 80 mm × 2,0 mm. Es durchläuft bis zum Härten, d. h. im eigentlichen Kaltwalzwerk, folgende Arbeitsgänge:

Knicken,
Beizen,
Walzen von 2,0 auf 1,8 mm,
Walzen auf 1,5 mm,

1. Glühen,
Walzen auf 1,3 mm,
Walzen auf 1,1 mm,

2. Glühen,
Walzen auf 0,9 mm,
Walzen auf 0,78 mm,

3. Glühen,
Spalten auf 3 mm × 25 mm,
Prägen,
Walzen auf 0,75 mm.

Der Hauptbestandteil einer Knickmaschine sind zwei übereinander waagerecht angeordnete Stahlwalzen, die auf dem Umfang viele rippen- oder warzenförmige Vorsprünge haben. Beim Durchgang durch dieses Walzenpaar wird der Bandstahl wellig. Ein Teil des vom Warmwalzen herrührenden Zunders springt ab.

Der Rest wird anschließend im Beizbad aufgelöst. Die Beize besteht aus verdünnter Schwefelsäure, seltener aus Salzsäure.

Nunmehr beginnt das eigentliche Walzen, d. h. der Durchgang des Bandes durch ein oder mehrere Kaltwalzgerüste (Abb. 29).

Der Hauptbestandteil eines „Kaltwalzgerüstes" ist wieder ein Paar Stahlwalzen. Die Walzen haben einen Durchmesser von etwa 200 mm. Die Walzgeschwindigkeit beträgt zwischen 10 und 30 m/min.

Die Dickenunterschiede im Band werden um so kleiner, je kleiner die Durchbiegung der Walze gehalten werden kann. Der Walzendurchmesser müßte danach möglichst groß sein. Andererseits aber ist der Wirkungsgrad beim Walzen um so größer, je kleiner der Walzendurchmesser, d. h. je „griffiger" die Walze ist. Beide Vorteile kann man sich gleichzeitig zunutze machen, wenn man die beiden „Arbeitswalzen" dünn macht und wenn man sie ihrerseits auf dicken „Stützwalzen" aufruhen läßt. Dann ergibt sich aus dem 2-Rollen-Gerüst ein 4- oder 6-Rollen-Gerüst. Die Abbildung zeigt ein Sechsrollen-Kaltwalzgerüst der Walzmaschinenfabrik August Schmitz in Düsseldorf.

Nach zwei bis drei „Stichen", d. h. Durchgängen durch das Walzgerüst, ist der Stahl so hart geworden, daß er nicht mehr weiter zusammengedrückt werden kann. Er muß jetzt weichgeglüht werden. Dazu werden die Stahlringe übereinander in Glühtöpfen gestapelt, die etwa 2000 kg Stahl fassen. Die Töpfe werden auf etwa 650° erhitzt,

Abb. 29. Sechsrollen-Kaltwalzgerüst

am besten in einem elektrischen Tiefofen. Nachher werden sie zum allmählichen Abkühlen in „Kühlgruben“ abgestellt. Das Aufheizen dauert etwa acht Stunden, das Abkühlen zwei Tage. Sehr wichtig ist, daß der glühende Bandstahl nicht beim Abkühlen verzundert, daß also beim Abkühlen keine Luft im Glühtopf ist. Dazu haben neuzeitliche Glühtöpfe ein Rückschlagventil, durch welches beim Aufheizen der größte Teil der Luft entweicht. Oder ein Schutzgas wird in sie eingeleitet.

Sobald der Stahl abgekühlt ist, wird er weitergewalzt. Dieser Wechsel zwischen Walzen und Weichglühen wiederholt sich so lange, bis die gewünschte Banddicke erreicht ist. Bandstahl für Rasierklingen, der gewöhnlich 0,08 mm dick ist, muß so rund zehnmal geglüht werden.

4.2. Das Schneiden und Prägen des Bandstahls

Nach dem letzten Glühen wird der als Beispiel gewählte 80 mm breite Bandsägenstahl in drei Streifen von der Fertigbreite 25 mm zerschnitten

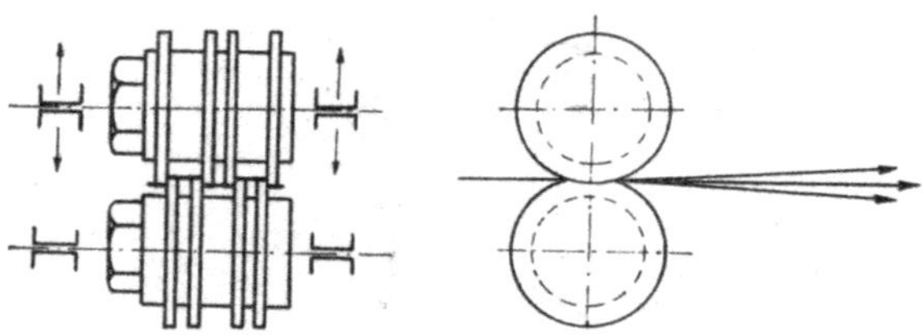

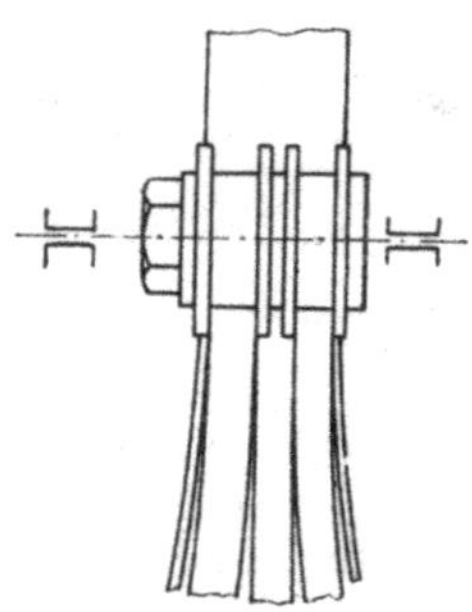

Abb. 30. Mehrfach-Kreisschere

oder, wie man sagt, „gespalten". Dazu ist nur ein einziger Durchgang durch eine Mehrfach-Kreisschere nötig (Abb. 30).

Für jeden von den parallelen Schnitten müssen in einer solchen Maschine zwei „Kreismesser" scherblattartig ineinandergreifen. Ein Kreismesser hat einen Durchmesser von etwa 130 mm. Es ist so dick, wie der zu schneidende Streifen breit ist, jedoch nur bis zum Größtmaß von etwa 25 mm. Darüber hinaus werden schmälere Kreismesser mit Zwischenlagen verwendet wie in der Abbildung. Kreisscheren können mit mindestens zwei verschiedenen Schnittgeschwindigkeiten betrieben werden, z. B. mit 15 und 30 m/min.

Bei dem beschriebenen Zerschneiden des Bandsägenstahls dienen nur die beiden mittleren Schnitte dem „Spalten". Gleichzeitig wird das Band „besäumt", d. h. die Walzränder werden abgeschnitten. Das Besäumen hat nicht nur den Zweck, die genaue Einhaltung der Streifenbreite zu ermöglichen. Für viele Verwendungszwecke ist es auch wegen der Beschaffenheit der Walzkante nötig. Denn die Kanten sind gewöhnlich rauh, und oft weisen sie sogar Kantenrisse auf. Kantenrisse entstehen, wenn das Band unter zu starkem Druck gewalzt wird. Sie können beim Härten des Bandstahls oder später, bei der Verwendung des Sägeblattes, zu Brüchen führen.

Deshalb müssen Maschinensägeblätter, besonders Bandsägeblätter, auch dann besäumt werden, wenn das Band schon in Fertigbreite gewalzt ist, also gar nicht gespalten zu werden braucht. Letzteres trifft gewöhnlich auf alle Breiten von 40 mm an zu. Es genügt dann aber, allein die Rückenkante zu besäumen. Die andere Walzkante fällt ohnehin beim Zahnen fort.

Auf einer Vielfach-Kreisschere können auch die schon bei den Blechsägeblättern (Abschnitt 3.91) erwähnten Herstellerangaben aufgewalzt werden. Dazu wird an Stelle eines Kreismesserpaares eine Prägewalze und gegenüber eine glatte Walze auf die Kreismesserwellen aufgeschoben. Solche Prägewalzen hat man im Gegensatz zu den „Stückrollstempeln" für Blechsägeblätter als „Bandrollstempel" bezeichnet. Der Bandstahl ist während des Prägens nicht nur ungehärtet, sondern sogar weichgeglüht. Die Lebensdauer eines Bandrollstempels beträgt deshalb Jahre. Das Bandprägen in ungehärtetem Zustand ist im Gegensatz zum Stückprägen deshalb angängig, weil bei zunderfrei gehärtetem Bandstahl die Stahloberfläche nicht nachträglich durch Schleifen angegriffen zu werden braucht (Abschnitt 4.6).

Beim Bandprägen drückt sich dünneres Band an der Prägestelle durch. Es empfiehlt sich deshalb, das Band nach dem Prägen leicht nachzuwalzen.

4.3. Maßhaltigkeit und Oberflächengüte

Die Fertigdicke der Blechsägeblätter wird, wie früher (in Abschnitt 3.42) beschrieben, durch Schleifen auf mühlsteinartigen Schleifsteinen hergestellt. Die Dickentoleranz, die dabei eingehalten werden kann und muß, beträgt bis 2 mm Blattdicke ± 0,1 mm. Die Dickentoleranz für kaltgewalzten Bandstahl aber ist weit kleiner. Sie beträgt für Dicken zwischen 0,3 bis 2 mm nur ±0,02 bis 0,07 mm. Das gilt für Breiten bis 200 mm. Die genannten Werte sind in dem Normblatt DIN 1544 vom September 1941 über „Bandstahl, kaltgewalzt" festgelegt.

Bei Sägeblättern kommt es weniger auf die Genauigkeit der mittleren Dicke an, als darauf, daß die Dickenunterschiede innerhalb eines Blattes möglichst klein sind. Die genannte Dickentoleranz für Bandstahl bedeutet nun, daß die Gleichmäßigkeit der Dicke innerhalb eines Blattes sich schon ohne nachheriges Schleifen oder Polieren sogar jener Genauigkeit nähert, die für planpolierte Kreissägeblätter vorgeschrieben ist. Bei diesen beträgt, wie früher angegeben (in Abschnitt 3.45), die Toleranz für Dickenunterschiede innerhalb eines Blattes 0,04 mm, wenn der Durchmesser 200 mm nicht überschreitet.

Die Oberfläche des kaltgewalzten Bandstahls ist ein genaues Spiegelbild der Oberfläche der Walzen des Kaltwalzgerüstes. Durch Feinpolitur der Walzen kann die Oberfläche des Bandes nötigenfalls bis zur Spiegelglätte gesteigert werden. Voraussetzung dabei ist allerdings, daß die Walzenschleifmaschine des Kaltwalzwerkes ganz genau und schwingungsfrei arbeitet. Dazu ist eine schwere Bauart nötig. Das Fundament der Maschine muß in der Erde freistehen, und es muß durch eine Korkunterlage gedämpft sein. Die Maschine muß in einem eigenen, wohl temperierten Raum stehen. Sie darf nicht etwa Zahnräder haben, die durch Schläge selbst „Rattermarken" auf den Walzen hervorrufen. Die metallische Oberfläche des Bandstahls wird durch das Härten und Polieren, wenn das Härten zunderfrei erfolgt, nicht mehr verändert. Die Blattoberfläche einer Bandstahlsäge kann deshalb der einer Blechsäge weit überlegen sein.

4.4. Das Härten und Anlassen des Bandstahls

Der kaltgewalzte Bandstahl wird am endlosen Band gehärtet und angelassen. Die verschiedenen Anlagen, in welche ein Stahlstreifen beim Stückhärten nacheinander eingebracht wird, werden beim Bandhärten in einem einzigen Arbeitsgang durchlaufen. Es sind dementsprechend folgende Einrichtungen in einer geraden Linie hintereinander aufgestellt (Abb. 31):

Abhaspelständer (mit Niet- oder Schweißeinrichtung),

Härteofen,

Abschreckbad (mit Richtvorrichtung und Ölabstreifer),

Anlaßofen,

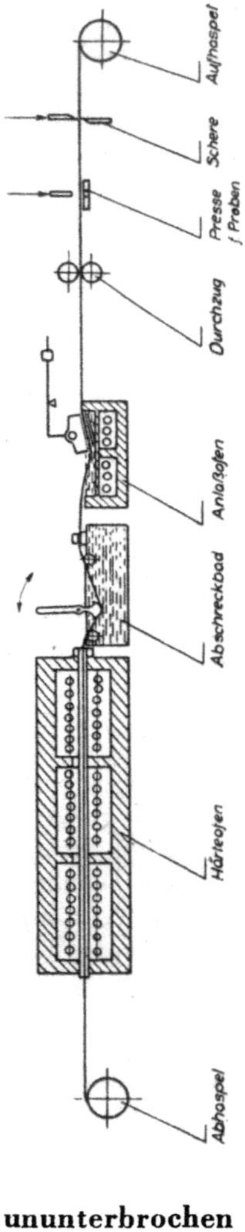

Abb. 31. Vergütungsanlage für Bandstahl

Förderwalzen (mit Geschwindigkeitsmesser),
Presse für Härteproben,
Schere,
Aufhaspelständer.

Eine solche Vergütungsanlage für Bandstahl bis 300 mm Breite hat eine Länge von etwa 50 m. Eine so große Anlage ist für das Härten von Bandstahl für Zug- und Gattersägen erforderlich.

4.41. Die Durchzuganlage

Zu Beginn des Härtens wird der erste Bandstahlring auf einen von den Haspeln des **Abhaspelständers** aufgelegt. Der Anfang des Bandes wird bis zu einem der Förderwalzen-Paare, d. h. fast bis zum **Aufhaspelständer**, durchgefädelt. In manchen Bandvergütungsanlagen übernimmt der Haspel außer dem Aufwickeln auch die Nebenaufgabe des Durchziehens. Man nennt ihn dann „Zughaspel“.

Von dem Augenblick an, in welchem die Förderwalzen oder der Zughaspel den Anfang des ersten Ringes gefaßt haben, läuft der Bandstahl ununterbrochen Tag und Nacht weiter, bei großen Anlagen ein bis zwei Wochen lang. Wenn der erste Ring zu Ende geht, wird der Anfang des zweiten an ihn angenietet oder angeschweißt. Statt eines breiten können auch mehrere schmale Bänder gleichzeitig nebeneinander laufen. Die Tagesausbringung einer Härteanlage für Gattersägenbandstahl beträgt gegen 10000 kg.

Die Förderwalzen bestehen aus Gußeisen und haben einen Durchmesser von etwa 200 mm. Die Durchzugsgeschwindigkeit, welche die Förderwalzen dem Band erteilen, kann von einem Geschwindigkeitsmesser abgelesen werden. Er wird durch Riemenübertragung von einer der beiden Förderwalzen angetrieben. Die Bandgeschwindigkeit liegt zwischen 1 und 10 m/min. Sie kann innerhalb dieser Grenzen verlustlos geregelt werden.

1.42. Der Härteofen

Der Bandstahl tritt auf seinem Wege zuerst in den Härteofen ein. Die Seele eines Durchzug-Härteofens für Bandstahl ist die „Muffel". Das ist ein Rohr, durch welches der Bandstahl sich fortbewegt, möglichst unter Luftabschluß. Es besteht aus keramischen Stoffen oder aus einer hochhitzebeständigen Stahllegierung. Der Muffelquerschnitt ist flach rechteckig mit leicht gewölbter Oberseite. Für schmale Bänder, bis etwa 25 mm Breite, kann er auch rund sein. Stahlmuffeln sind, je nach dem zu härtenden Bandquerschnitt, 5 bis 400 mm breit. Selbst bei der großen Breite von 400 mm ist die Muffel kaum höher als 60 mm. Die Länge der Muffel und damit auch die Ofenlänge, liegt zwischen $^1/_2$ und 12 m.

Zur Heizung der Muffel werden folgende Wärmequellen verwendet: die Abgase einer Halbgasfeuerung, Leuchtgas, Öl oder elektrische Widerstandswärme. Die genaueste Arbeit ist möglich bei elektrischer Heizung. Ein großer elektrischer Durchzugofen wird etwa so gebaut, daß sich unter und über der Muffel Heizwicklungen befinden. Sowohl die Unterheizung als auch die Oberheizung wird in unabhängige Abschnitte von etwa 2 m Länge zerlegt. Die Temperatur einer jeden solchen Heizgruppe wird durch ein eigenes Thermoelement gemessen und durch einen eigenen selbsttätigen Temperaturregler auf dem eingestellten Sollwert gehalten. Der Regelmechanismus bringt Temperaturschwankungen von etwa $\pm 15^0$ mit sich.

Ofentemperatur ist aber noch nicht Bandtemperatur. Darum ist unmittelbar hinter dem Ofen eine kleine wärmeisolierte Zelle angebracht, die das glühende Band durchlaufen muß. Das Band strahlt in der Zelle auf ein Thermoelement, und die Temperatur dieses Thermoelementes kann ebenfalls abgelesen werden. Die Spanne zwischen der Wicklungsendtemperatur und der Bandstrahlungstemperatur ist klein, und die wirkliche Stahltemperatur muß innerhalb dieser Spanne liegen. So kann beim Bandhärten die Stahltemperatur laufend bequem abgelesen werden, und zwar mit einer Genauigkeit von etwa $\pm 25^0$. Beim Stückhärten dagegen versagen, wie früher (Abschnitt 3.22) beschrieben, alle Bemühungen, die Stahltemperatur selbst zu messen.

Ist die ermittelte Austrittstemperatur des Stahles zu hoch oder zu niedrig, so kann sie durch bloße Verstellung der Bandgeschwindigkeit sofort, d. h. innerhalb eines Ofendurchlaufes auf das richtige Maß gebracht werden. Ein Ofendurchlauf dauert ein bis drei Minuten. Die Stahltemperatur bleibt dann so lange unverändert, als man die Ofentemperatur und die Bandgeschwindigkeit, und natürlich auch den Stahlquerschnitt, unverändert läßt.

Neuerdings werden auch Hochfrequenzanlagen für das Härten von Bandstahl gebaut:

Das Band durchläuft eine stromdurchflossene Spule, die in ihm Wirbelströme induziert. Die Erhitzung einer Bandstelle auf diese Art erfordert nur Bruchteile einer Minute.

4.43. Das Abschreckbad

Das Abschreckbad besteht beim Bandhärten genau so wie beim Stückhärten aus Öl, das durch eigenen Umlauf oder durch Wasserumlauf gekühlt wird.

Beim Stückhärten (Abschnitt 3.23) ist beschrieben worden, daß sich der Stahl während des Abschreckens verwirft und daß man das durch Abschreckpressen zu verhindern sucht. Beim Bandhärten ist die Gefahr des Verwerfens weit geringer, weil das Band während des Abschreckens unter dem Zug der Förderwalzen steht. Eine Bandbremse am Eintrittsende des Härteofens sorgt dafür, daß dieser Zug nicht zu klein wird. Dank diesem Zug genügt es in den meisten Bandhärtereien zum Ebenhalten des Bandstahls, wenn er am Anfang seines Weges durch das Ölbad über ein ausschwenkbares „Tauchsegment", d. h. über eine gekrümmte eiserne Unterlage, abgebogen wird (Abb. 31).

Eine österreichische Bandhärterei hat außerdem eine Abschreckpresse für Durchlauf entwickelt, die es erlaubt, selbst ungleich gewalzten Bandstahl noch eben zu härten.

Der Weg ins Abschreckbad ist beim Bandhärten nur wenige Zentimeter lang, und er kann obendrein noch durch eine wärmeisolierte Umhüllung abgeschlossen werden. Das ist ein großer Vorteil gegenüber dem Stückhärten. Denn dadurch wird einerseits die Notwendigkeit beseitigt, den Stahl im Ofen zu überhitzen, und anderseits wird, ebenso wie durch die luftdichte Muffel, die

Zunderbildung unterdrückt. Wie wertvoll das zunderfreie Härten ist, wird aber erst beim Bandstahl-Polieren (Abschnitt 4.6) voll ersichtlich werden.

Ist der Bandstahlquerschnitt nur von der Größenordnung eines Quadratmillimeters, wie bei Laubsägeblättern, dann kann das Ölbad durch einen Wasserschleier ersetzt werden. Dieser schließt gleichzeitig die Muffel hinreichend luftdicht ab.

Das im Öl gehärtete Band muß beim Austritt aus dem Abschreckbad durch mehrere Abstreifer von dem anhaftenden Öl befreit werden. Die Abstreifer sind kleine Spindelpressen, durch welche auf das Band von oben und von unten je eine Korkplatte angepreßt wird.

Nach dem Abschrecken ist das Band glashart. Wenn es Kantenrisse hat, kann es an dieser Stelle der Vergütungsanlage leicht reißen. In diesem Falle wird das stehengebliebene Bandende sofort mit einer Zange beschleunigt nachgezogen. Mit derselben Zange oder mit einer zweiten wird es so lange auf das weiterlaufende Bandende aufgepreßt, bis die Förderwalzen das nachgezogene Band gefaßt haben.

4.44. Der Anlaßofen

Hinter dem Abschreckbad tritt das Band in den Anlaßofen ein. Dort soll durch nochmaliges, geringeres Erwärmen die „Vollhärte" auf die gewünschte Sägenhärte verringert werden. Daneben hat der Bandanlaßofen genau wie der Stückanlaßofen noch eine zweite Aufgabe. Er soll das Band, falls es noch nicht eben aus dem Abschreckbad gekommen ist, nachträglich eben machen.

Beide Zwecke werden im Bandanlaßofen gewöhnlich durch eine Art „Bügeln" erfüllt: Das laufende Band wird zwischen einem anhebbaren Eisengewicht, dem sogenannten „Anlaßstöckl", und einer gußeisernen Unterlage hindurchgezogen. Die Unterlage wird entweder unmittelbar durch eine elektrische Wicklung geheizt, oder sie ist in ein Bleibad eingebaut, das auch auf beliebige andere Art geheizt werden kann.

Der Spiegel des Bleibades kann durch Niederschrauben eines Verdrängungskörpers so weit gehoben werden, daß das Band vor dem Stöckl mehr oder weniger von Blei überdeckt wird. Das Eintauchen in Blei sichert bei breiten Bändern eine gleichmäßigere Wärmeübertragung, als sie beim Trockenbügeln möglich ist. Vor allem aber ermöglicht die Spiegelverstellung eine Schnellregelung der Austrittstemperatur des Stahles, und zwar bei gleichbleibender Badtemperatur. Die Anlaßhärte kann so innerhalb von Sekunden geändert werden. Auch das Nachfüllen oder Ausschöpfen von Blei wirkt in diesem Sinne.

Manchmal bleibt am Band, zumal wenn es unebene Stellen hat, etwas Blei hängen. Deshalb sind am Ende des Bleibades, wo das Blei noch flüssig ist, Abstreifer angebracht. Sie bestehen aus Stahl und werden mit Asbeststreifen belegt.

Man hat auch Anlaßöfen konstruiert, die eigentlich Anlaßmaschinen sind: In einem wärmeisolierten Gehäuse, in dem nur ein Eintritts- und ein Austrittsschlitz für das Band offen gelassen sind, laufen hintereinander in ungefähr gleicher Höhe zwei Stahlwalzen. Bei Bändern bis 2 mm Dicke beträgt der Walzendurchmesser mindestens 1 m. Die Walzen tragen im Innern elektrische Heizwicklungen. Während das Band durch das Gehäuse läuft, umschlingt es zuerst die hintere, dann die vordere Walze, und zwar auf je drei Vierteln des Umfanges.

Nach dem Anlaßofen durchläuft das Band die schon (in Abschnitt 4.41) beschriebenen Förderwalzen.

4.45. Das Aus- und Abschneiden

Hinter den Förderwalzen steht eine Presse, in welcher ein Schnitt mit dem Querschnitt eines Sägenzahnes eingespannt ist. Mit dieser Presse werden ab und zu, mindestens einmal je Ring, zahnförmige Stückchen aus dem laufenden Band herausgeschnitten. Diese Probestücke werden sofort einer Härteprüfung mit dem Rockwell-Apparat sowie einer Schränkprobe unterworfen. Je nach dem Ergebnis wird nötigenfalls der Bleispiegel des Anlaßbades höher oder tiefer eingestellt.

Gleich hinter der Zahnpresse werden die einzelnen Bandstahlringe mittels einer Hebelschere wieder voneinander getrennt, und zwar möglichst nahe an der Nietstelle. Vor und hinter dem Niet muß eine Bandlänge von mindestens einem Meter als unbrauchbar abgeschnitten werden.

Gleich hinter dem verlorenen Bandende kann eine Härteprobe auch von einem schon aufgewikkelten Bandstahlring abgeschnitten werden. Erlaubt die beabsichtigte Verwendung des Bandstahls das vorher beschriebene Lochen des Bandes nicht (wie z. B. bei Bandstahl für Bandsägeblätter), dann begnügt man sich entweder mit Härteproben vom Bandende, oder der Bandstahl muß unter einem Härteprüfer durchlaufen.

4.46. Das Vergütungsgefüge

Das Härten im Band bietet, wie aus der gegebenen Beschreibung hervorgeht, allerlei Möglichkeiten, ein besseres Härtegefüge zu erzielen als beim Stückhärten. Diese Besonderheiten des Bandhärtens sind, kurz zusammengefaßt, folgende:

(1) Die Austritts-Stahltemperatur, nicht nur die Ofentemperatur, ist annähernd meßbar. Sie braucht also nicht nur auf Grund der Glühfarbe geschätzt zu werden.

(2) Die Austritts-Stahltemperatur kann schnell geändert werden, nämlich durch Verstellung der Bandgeschwindigkeit.

(3) Der Wärmeschwund zwischen Ofen und Abschreckbad ist infolge der Kürze des Weges und infolge der Wärmeisolation klein.

(4) Die einmal eingestellte Austritts-Stahltemperatur bleibt bei elektrischer Heizung ständig unverändert.

(5) Die Temperaturverteilung über den Bandquerschnitt ist ganz gleichmäßig, besonders bei elektrischer Heizung, da etwaige Ungleichmäßigkeiten durch die Laufbewegung des Bandes ausgeglichen werden.

(6) Das Band kann zunderfrei gehärtet werden

Diese Besonderheiten der Betriebsweise wirken sich folgendermaßen auf das Härtegefüge aus:

Die Meßbarkeit der Stahltemperatur (Punkt 1), ihre Einstellbarkeit (Punkt 2) und der geringe Wärmeschwund (Punkt 3) verleihen dem Bandhärten eine größere Temperatur-Treffsicherheit. Sie machen eine Überhitzung des Stahles überflüssig. Dadurch kann aus einem gegebenen Stahl bei vorgeschriebener Härte die größtmögliche Zähigkeit herausgeholt werden. Sägeblätter aus Bandstahl können noch bei Härten schränkbar sein, bei welchen die Zähne von Blechsägeblättern bereits brechen. Die Beimengung von Vanadium, um die Empfindlichkeit des Stahles gegen Überhitzung zu verringern (s. Abschnitt 2.1) ist weniger notwendig.

Ferner: Die Unveränderlichkeit der eingestellten Stahltemperatur (Punkt 4) und die gleichmäßige Verteilung der Temperatur über den Querschnitt (Punkt 5) bedeuten, daß die Härteunterschiede innerhalb eines Sägeblattes aus Bandstahl kleiner sein können als innerhalb eines durchschnittlichen Blechsägeblattes. Sie bedeuten außerdem, daß auch die unbeabsichtigten Härteunterschiede zwischen einer größeren Anzahl von Blättern kleiner gehalten werden können, daß also die Qualität gleichbleibender ist. Die Gleichmäßigkeit der Härte innerhalb des Bandes trägt auch mit dazu bei, daß der unter Zug abgeschreckte Bandstahl gewöhnlich nicht mehr gerichtet zu werden braucht.

Die Vorteile des zunderfreien Härtens schließlich (Punkt 6) liegen nicht nur in der Einsparung von Schleifarbeit, Schleifstein und Stahlabschliff (Abschnitt 4.62), sondern auch in der Möglichkeit des Prägens und Walzpolierens in ungehärtetem Zustand (Abschnitt 4.2 und 4.65).

Es beibt noch übrig, die Herstellung der Sägeblätter aus Blech und aus Bandstahl in bezug auf das Anlaßgefüge zu vergleichen. Da ist zunächst festzustellen, daß beide Verfahren mit Bädern arbeiten, wodurch eine gleichmäßige Verteilung der Temperatur gesichert ist. Die Bewegung des Bandstahls im Bade kann diese Gleichmäßigkeit noch verbessern. Anderseits aber bleibt der Bandstahl viel kürzer im Bad als die Blechsägeblätter. Das macht es im Gegensatz zu diesen unmöglich, die Austrittstemperatur des Stahles genau festzustellen. Es ist beim Anlassen auch nicht möglich, die Temperatur wie beim Härten aus der Abstrahlung des Bandes zu messen, weil die Anlaßtemperaturen hierfür zu niedrig sind.

Dieser Nachteil ist aber nicht erheblich, denn einerseits kann an den Härteproben (Abschnitt 4.45), die aus dem laufenden Band ausgeschnitten werden, jederzeit noch während des Anlassens festgestellt werden, ob die Stahlaustrittstemperatur etwa zu hoch oder zu niedrig ist. Andererseits kann die Änderung der Stahltemperatur innerhalb von Sekunden herbeigeführt werden, nämlich durch Verstellung des Bleispiegels.

4.5. Das Rundschleifen der Kanten des Bandstahls

Trotz dem Besäumen des Bandstahls auf der Vielfach-Kreisschere (Abschnitt 4.2) können doch noch einzelne Haarrisse übriggeblieben sein. Oder es können beim Schneiden oder Härten neue entstanden sein. Aus Haarrissen nun entstehen bei solchen Verwendungen des Bandstahls,

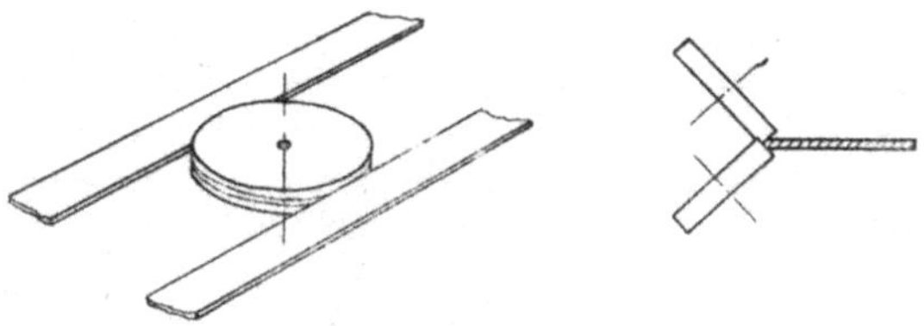

Abb. 32. Arrondiermaschinen für Bandstahl

bei welchen er stark gebogen wird, oft große Einrisse und schließlich Brüche. Deshalb müssen die Kanten des Bandstahls für Bandsägeblätter und Federn nach dem Härten geglättet und abgerundet werden. Man nennt das „Arrondieren".

Das Abrunden der Kanten geschieht gewöhnlich durch „Rundschleifen". Der Hauptbestandteil einer solchen Arrodiermaschine sind eine oder mehrere umlaufende Schleifscheiben, an deren Umfang erst die eine und nachher die andere Bandstahlkante langsam vorbeigeführt wird (Abb. 32).

Je nach der Bauart der Maschine ist dabei die Scheibenebene parallel zu der Blattebene, oder sie steht schräg dazu.

4.6. Das Schleifen und Polieren des Bandstahls

4.61 Blau-blank gehärteter Bandstahl

Bandstahl, der in einer modernen Bandhärterei unter Luftabschluß gehärtet worden ist, verläßt den Anlaßofen zunderfrei. Seine metallische Oberfläche ist unverändert so, wie sie vom Walzen gekommen ist. Nur trägt sie jetzt eine Anlaßfarbe, und zwar bei Sägeblättern eine bläuliche. Außerdem ist die Oberfläche vom Härten her etwas durch Ölkoks verschmutzt.

Vom rein technischen Standpunkt aus steht eine solche „blau-blanke" Stahloberfläche einer blankpolierten Oberfläche an Brauchbarkeit kaum nach. Deshalb denkt auch niemand daran, Metallsägeblätter (für Hubsägen) zu polieren. Die Benutzer der Holzsägen sind jedoch aus der Zeit her, wo man Sägenstahl überhaupt noch nicht zunderfrei zu härten verstand, blankpolierte Oberflächen gewöhnt und verlangen sie deshalb auch weiterhin.

Außerdem ist oft noch eine Verwechslung schuld. Im Kriege war nämlich angeordnet worden, daß auch verzunderte Sägeblätter nicht mehr geschliffen und poliert werden dürfen, also „schwarz" geliefert werden müssen. Und viele Sägenbenutzer verwechseln die schwarze, verzunderte Oberfläche ungeschliffener Blechsägeblätter mit der metallisch reinen, wenn auch manchmal leicht fleckigen, Oberfläche des blaublanken Bandstahls.

4.62. Das echte Polieren des Bandstahls

Aus diesem verkaufstechnischen Grunde muß auch zunderfrei, d. h. blau-blank gehärteter Bandstahl in der Regel nach dem Härten noch poliert werden. Dieses Polieren braucht aber nur in der Entfernung des Ölkokses und der Anlaßfarbe zu bestehen, ohne merkliche Zerspanung der metallischen Oberfläche. Dazu genügt das maschinelle

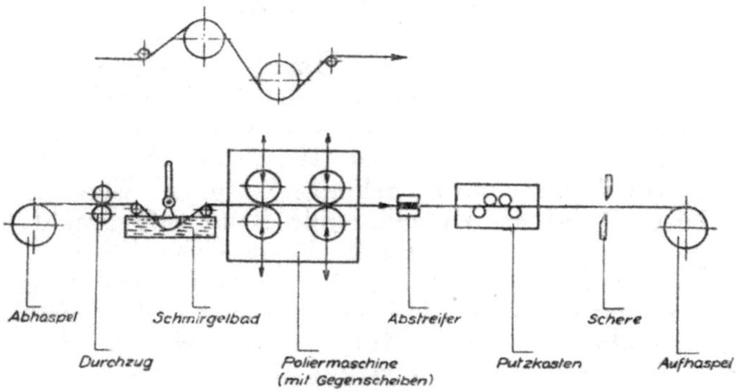

Abb. 33. Polieranlage für Bandstahl

Abbürsten mit einer Rundbürste oder das Abschmirgeln mit einer nachgiebigen Polierscheibe.

Eine Stückpoliermaschine besitzt, wie früher beschrieben, nur eine einzige solche Polierscheibe. Für eine **Bandpoliermaschine** dagegen sind mindestens zwei Polierscheiben oder Rundbürsten erforderlich. Sie stehen gewöhnlich senkrecht übereinander (Abb. 33, unten).

Die Welle der oberen Polierscheibe (manchmal außerdem auch die der unteren Scheibe) ist in senkrechter Richtung verstellbar, damit das waagerecht laufende Band zwischen den beiden Scheiben eingepreßt werden kann. Bei dieser Anordnung wird das Band manchmal infolge zu großer Pressung so heiß, daß es durchreißt. Breite Bänder wieder liegen nicht gleichmäßig an, und die Politur wird streifig.

Beide Mängel kann man dadurch vermeiden, daß man die Polierscheiben nicht übereinander, sondern hintereinander anordnet. Man läßt sie dann nicht aneinanderstoßen, sondern man schlingt das Band um sie herum (Abb. 33, oben). Der Umschlingungswinkel ist aber weit kleiner als bei der früher (in Abschnitt 4.44) beschriebenen Walzen-Anlaßvorrichtung.

Ebenso wie bei der Bandvergütungsanlage wird die Bandbewegung durch Förderwalzen oder durch einen Zughaspel bewirkt. Die Bandgeschwindigkeit liegt bei 10 m/min. Wie beim Stückpolieren wird Schmirgel (oder Elektrokorund) auf das zu polierende Band aufgebracht, und zwar trocken oder in Form eines Ölbreies. Nur erfolgt die Aufbringung nicht von Hand, sondern das Band wird auf seinem Laufe z. B. in eine mit Ölbrei angefüllte Mulde eingetaucht.

Als umlaufende Polierkörper können verwendet werden:

Fiberbürsten,
Drahtbürsten (mit Bessemer-Draht von 0,1 bis 0,2 mm Durchmesser),
Holzscheiben mit Filzbelag,
Holzscheiben mit Lederbelag (Walroß- oder Büffelleder).

Die vorstehenden Polierkörper sind nach abnehmender Feinheit der Politur geordnet. Auch die Körnung des Schmirgels (oder Elektrokorund) wird entsprechend gewählt. Die Borsten der Fiberbürsten werden zur Versteifung verleimt, unter Zusatz von feinem Schmirgel. Auch auf den Umfang der Filz- und Lederscheiben kann Schmirgel aufgeleimt werden.

Zu einer Polieranlage gehören außer der eigentlichen Poliermaschine, einer etwaigen Nachpoliermaschine und dem Förderwalzengerüst noch verschiedene Hilfseinrichtungen. So werden oft vor der Poliermaschine in einer „Rollen-Richtmaschine“ etwaige Bögen des Bandes beseitigt. Hinter Poliermaschinen, die mit einem Ölbrei arbeiten, läuft das Band durch einen Putzkasten, d. h. durch einen Behälter mit Sägespänen. Die Sägespäne werden durch gezahnte Wellen ständig in Bewegung gehalten.

In den Vereinigten Staaten wird Bandstahl mittels Schleifbändern poliert, d. h. in Maschinen, wie sie schon beim Stückpolieren (Abschnitt 3.54) beschrieben worden sind. Da es sich hierbei um ein Trockenpolieren handelt, entfallen das Schmirgelbad, die Abstreifer und der Putzkasten. Nötigenfalls werden mehrere Maschinen hintereinander gestellt, d. h. zu einer „Batterie“ vereinigt.

4.63. Das grobe Schleifen des Bandstahls

In älteren Bandhärtereien gelingt es im allgemeinen nicht, von dem glühenden Bandstahl die Luft hinreichend fernzuhalten. Das Band kommt dann in den schlimmsten Fällen genau so verzundert aus dem Abschreckbad wie die Sägeblätter beim Stückhärten.

Der Zunder muß auf jeden Fall fortgeschliffen werden. Zum Schleifen von Bandstahl werden aber im Gegensatz zum Stückschleifen niemals massive, mühlsteinartige Steine verwendet, sondern ebensolche Holzscheiben wie zum Polieren. Nur ist der Druck beim Schleifen weit größer, der Schmirgel viel gröber, und die Holzscheiben haben manchmal überhaupt keinen Belag außer dem aufgeleimten Schmirgel. Der Leistungsbedarf zum Schleifen kann fünf- bis zehnmal so groß sein wie beim Polieren. Deshalb kann man zwar Bandschleifmaschinen auf Polieren umstellen, aber nicht umgekehrt.

4.64. Übergangsstufen zwischen Schleifen und Polieren

Eine scharfe Grenze zwischen „Schleifen“ und „Polieren“ läßt sich überhaupt nicht ziehen. Physikalisch ist auch jedes Polieren ein Schleifen, wenn man vom „Preßpolieren“ absieht. Denn selbst der feinste Schmirgel und sogar das teigige Poliergrün bestehen noch aus Körnchen, welche die Stahloberfläche ein wenig zerspanen. Nur ist die Zerspanung mit dem bloßen Auge nicht mehr bemerkbar. Deshalb ist nach den Richtlinien des AWF über „Feinstbearbeitung“ nur dann von „Schleifen“ (im technischen Sinne) zu sprechen, wenn „die Späne noch gut erkennbar“ sind. Infolgedessen ist das Polieren auch dadurch gekennzeichnet, daß dabei nur sehr feinkörnige Schleifstoffe verwendet werden, die obendrein noch durch eine nachgiebige Unterlage wie z. B. weiches Leder an das Werkstück angedrückt werden.

Schon beim Polieren der Sägen ist dieser Unterschied verwischt. Denn unter „Schleifen“ versteht man in der Sägenindustrie die Verwendung der beschriebenen mühlsteinartigen Schleifsteine oder ebenfalls massiver Schleifscheiben. Unter dem „Polieren“ der Sägen dagegen versteht man die Verwendung von Scheiben mit Holzkern. Das „Sägenschleifen“ ist demnach immer auch ein Schleifen im Sinne des AWF. Das „Sägenpolieren“ aber geht oft in ein Schleifen über, wenn nämlich die Politur grob ist. Manchmal wird das Sägenpolieren auch in ein Vor- und Nachpolieren zerlegt. Das Vorpolieren fällt dann infolge des verwendeten groben Schmirgels noch unter den AWF-Begriff des Schleifens.

Beim Bandstahl ist eine Grenze zwischen Schleifen und Polieren noch schwerer zu ziehen. Schon deshalb, weil für beides häufig dieselbe Maschine verwendet werden kann, indem nur der Schmirgel, der Druck und allenfalls auch die Scheiben gewechselt werden. Manchmal wieder sind in ein und dieselbe Maschine zwei oder mehrere Scheibenpaare hintereinander eingebaut. Der Anfang der Maschine dient zum Schleifen, das Ende zum Polieren. Oder das Band durchläuft nacheinander eine „Vor"- und „Nachpoliermaschine".

Darüber hinaus können beim Bandstahl je nach dem Grad der Verzunderung alle Übergangsstufen zwischen echtem Polieren und grobem Schleifen vorkommen. Denn je nach der Konstruktion der Härteanlage sind alle Zwischenstufen der Verzunderung möglich, von der starken Verzunderung der Blechsägeblätter angefangen bis zu der völligen Zunderfreiheit einer modernen Blankhärterei.

Um einen ungefähren Anhalt für die Feinheit des Schmirgels oder Elektrokorunds zu geben, der beim Polieren verwendet wird, diene folgende Angabe: Beim Stückpolieren der Langsägeblätter ist etwa die Körnung 30 üblich, d. h. ein Korndurchmesser von etwa 0,6 mm. Für das Bandpolieren eines zunderfrei gehärteten Stahles soll die Körnung nicht gröber sein als 100, eher feiner. Das bedeutet einen Korndurchmesser unter 0,2 mm.

4.65. Die Güte der Politur

Lange Zeit hindurch waren die meisten Bandhärtereien von der Meinung beherrscht, daß eine feine Politur auch bei gehärtetem Bandstahl nur auf dieselbe Art hergestellt werden kann wie bei Blechsägeblättern, d. h. durch mehrmals wiederholtes Polieren mit immer feinerem Schmirgel und mit immer kleinerem Druck.

In Wirklichkeit folgt aber aus den bisherigen Ausführungen, daß eine vollkommene Politur bei gehärtetem Bandstahl auf andere Art weit leichter hergestellt werden kann. Und zwar muß man den Bandstahl zunderfrei härten, und man darf nachher nur den Ölkoks fortbürsten, ohne den Stahl selbst merklich anzugreifen. Die Oberfläche des Bandstahls ist dann ein Spiegelbild der Oberfläche des letzten beim Kaltwalzen benutzten Walzenpaares. Es ist aber unvergleichlich leichter, die kleine Oberfläche der beiden sogenannten „Polierwalzen" glattzupolieren, als die Stahloberfläche der kilometerlangen Bänder.

Somit können Sägeblätter aus Bandstahl bei gleichen Kosten mit einer wesentlich besseren Politur hergestellt werden als Blechsägeblätter.

4.66. Die Weichhäutigkeit

Bei der Besprechung des Stückschleifens (Abschnitt 3.42) ist erwähnt worden, daß dadurch die etwa vorhandene „Weichhaut" entfernt werden soll. Unter „Weichhaut" versteht man, wie dort gesagt, die entkohlte dünne Oberflächenschicht, die bei unsorgfältigem Warmwalzen entsteht. Entfällt nun bei zunderfrei gehärtetem Bandstahl das Schleifen, so besteht die Gefahr, daß der Bandstahl infolge von Weichhäutigkeit für ein Schneidwerkzeug unbrauchbar ist.

Um diese Verhältnisse zahlenmäßig zu erfassen, hat eine österreichische Sägenfabrik im Kriege (1943) einen Ring Bandstahl von der Breite 120 mm in drei verschiedenen Verarbeitungszuständen metallographisch auf Entkohlung untersuchen lassen. Es ergaben sich folgende Entkohlungstiefen:

	an den Blattflächen	an der Kante
	mm	mm
warmgewalzt, 3 mm dick	0,20—0,40*	0,40—1,05
kaltgewalzt, 1,15 mm dick	0,02—0,05	0,15—0,20
blau-blank gehärtet, 1,15 mm dick	0,02—0,06	0,05

* Davon nur die halbe Tiefe stärker entkohlt.

Die Schwankungen innerhalb desselben Ringes, ja sogar innerhalb desselben Querschnittes waren beträchtlich. Nachfolgend die Verteilung der Entkohlung über einen einzigen Querschnitt:

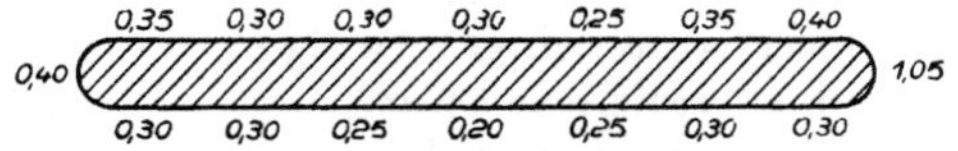

Abb. 34. Weichhäutiger Bandstahl
0,79 % C 120 mm × 3,0 mm

Im allgemeinen war die Entkohlung an den Rändern größer als an den Längsseiten des Querschnittes. Sie war ferner im warmgewalzten Zustand größer als im kaltgewalzten. An warmgewalztem Blech von 1,25 mm Dicke wurde zu derselben Zeit eine Entkohlung von nur 0,02—0,07 mm gemessen.

Die Entkohlung der Ränder des Bandes ist ohne Bedeutung, selbst wenn das Band nicht besäumt wird. Denn ein Bandstahlrand von mindestens 1 mm Breite fällt auf jeden Fall beim Zahnen fort.

Auch eine Entkohlung der Blattflächen von 0,02—0,06 mm sollte bei Gattersägeblättern nichts ausmachen. Denn die Hauptschneide von Zähnen für Längsschnitt ist die Spitzenkante. Diese stammt, wenn beim Zahnen der bereits erwähnte Abstand der Zahnspitze vom Blattrand eingehalten worden ist, auf jeden Fall aus dem Blattinnern. Auch andere Sägeblätter für Längsschnitt, wie Band- und Spannsägeblätter, werden seit Jahrzehnten ausschließlich aus Bandstahl hergestellt und arbeiten trotzdem einwandfrei.

Eher könnte eine Entkohlung der Blattflächen schon den Sägeblättern für Querschnitt, also den Bügel- und Zugsägen, gefährlich werden. Denn deren Hauptschneide liegt in der Ebene der Blattfläche. Aber auch Bügel- und Zugsägeblätter werden seit Jahren in vielen Ländern und in großen Mengen aus gehärtetem Bandstahl angefertigt, und trotzdem ist Nachteiliges nicht bekannt geworden. Exakte Untersuchungen liegen bisher nicht vor, wären aber zweifellos erwünscht.

Zur Beseitigung einer etwaigen Weichhaut des Warmbandes, falls sie nicht nur kriegsbedingt war, wird bisweilen empfohlen, im Kaltwalzwerk eine Vorglühe in Luft, und zwar sogar unter Verwendung eines Gebläses, durchzuführen. Dadurch verwandle sich die Weichhaut in Zunder, der im Beizbad wieder beseitigt wird.

4.7. Das Richten und Spannen des Bandstahls

Gehärteter Bandstahl kommt im allgemeinen schon aus der Warmricht-Vorrichtung des Abschreckbades, spätestens aber aus dem Anlaßstöckl eben heraus. Infolgedessen entfällt beim Bandstahl in der Regel das Ebenrichten in kaltem Zustand, im Gegensatz zu den Blechsägeblättern.

Dagegen ist das Geraderichten der Bänder nach dem Härten, das sogenannte „Entsäbeln", auch bei Bandstahl oft nötig. Besonders, wenn der

Stahl für Bandsägeblätter bestimmt und nicht ganz gerade gewalzt ist. Das Geraderichten und das Spannen des Bandstahls und der abgelängten Bandsägeblätter geschieht mit denselben Hämmern oder Maschinen, die schon in bezug auf die Blechsägeblätter beschrieben worden sind (in den Abschnitten 3.64 und 3.65). Jede Art Bandstahl kann danach maschinell geradegerichtet werden.

Der Stahl für Bandsägeblätter kann am Band auch maschinell gespannt werden. Bei dem Bandstahl für Gattersägeblätter dagegen liegt eine Schwierigkeit darin, daß manche Fachleute die Blattenden nicht gestreckt haben wollen (s. Abschnitte 3.62 u. 3.65). Für sie müßte immer ein bestimmter Blattlängenbereich vorausgesetzt werden, d. h. jeder Ring gespannten Bandstahls würde für Gattersägen anderer Längen nicht verwendbar sein. Damit würde aber der Hauptvorteil, den die Herstellung von Gattersägeblättern aus Bandstahl für die Lagerhaltung bietet, verloren gehen.

Im allgemeinen wird gehärteter Bandstahl für Holzsägeblätter erst nach dem Zahnen und Schränken gerichtet und gespannt, weil er sich sonst bei diesen Arbeitsgängen aufs neue krümmen kann. Nur wenn der Bandstahl an solche Sägenfabriken geliefert wird, die keine Spannmaschine besitzen, muß säbelförmiger Bandstahl schon im Kaltwalzwerk geradegerichtet werden. Mit dem Spannen sind Kaltwalzwerke, die nicht zu einer Sägenfabrik gehören, wohl überhaupt nicht vertraut.

4.8. Das Putzen, Einfetten und Durchsehen des Bandstahls

Der fertige Bandstahl wird vor dem Versand bzw. vor der Aufbewahrung geputzt und eingefettet. Beides geschieht gleichzeitig, und zwar auf einer Putzmaschine.

Eine Putzmaschine besteht aus einem Stahlgerüst, auf welchem hintereinander etwa vier Preßplatten mit Handspindeln angebracht sind. Unter die Preßplatten werden Lappen, Putzwolle oder Filz gelegt, und das Band läuft zwischen diesen hindurch. Die Lappen der letzten Preßplatte werden mit einem Rostschutzfett getränkt.

Vor und hinter der Putzmaschine sind Ab- und Aufhaspel angebracht. Die Bandgeschwindigkeit beträgt bis 50 m/min. Die Putzmaschinen können auch dazu verwendet werden, um das fertige Band auf Oberflächen- und Kantenfehler hin durchzusehen. Dazu muß aber die Bandgeschwindigkeit auf etwa 10 m/min herabgesetzt werden.

5. Die Herstellung der Holzsägeblätter aus Bandstahl

Bei der Herstellung von Sägeblättern aus gehärtetem Bandstahl bleiben für die eigentliche Sägenfabrik nur das Zahnen, das Zuschneiden und gegebenenfalls das Lochen übrig. Denn das Zurichten der Zahnung und das Löten der Bandsägeblätter kann ebensogut auch von den Sägenbenutzern besorgt werden. Auch vom Zuschneiden ist bei den gleichbreiten Sägeblättern nicht viel mehr übrig als das Ablängen.

5.1. Die Herstellung der Bandsägeblätter

Bandsägeblätter sind die einzigen Sägeblätter, die nur aus Bandstahl hergestellt werden können. Der vom Kaltwalzwerk vergütete und polierte Bandstahl hat bei der Verarbeitung zu Tischler-Bandsägeblättern in der Sägenfabrik noch folgende Arbeitsgänge durchzumachen:

Zahnen,
Schränken,
Geraderichten,
Schärfen,
Ablängen,
Löten oder Schweißen.

Von diesen Arbeitsgängen wird das Zahnen, Schränken und Geraderichten (= Entsäbeln) am Bande durchgeführt, und zwar in derselben Art, wie schon bei den Blechsägeblättern beschrieben. Zusätzlich ist nur, daß vor jeder Maschine ein Abhaspel und hinter der Maschine ein Aufhaspel, oft fahrbar, aufgestellt wird.

Spalt- und Blockbandsägeblätter, d. h. Blätter von etwa 70 mm Breite an, müssen in Verbindung mit dem Geraderichten auch gespannt werden. Spannmaschinen und ihre Verwendung für Bandstahl sind schon früher beschrieben worden (Abschnitte 3.65 und 4.7). Die Zähne der Spalt- und Blockbandsägeblätter werden gewöhnlich nicht geschränkt, sondern gestaucht, und zwar von Hand mittels eines Stauchapparates (Abschnitt 3.72).

Die Enden eines Bandsägeblattes werden entweder überlappt gelötet oder stumpf geschweißt. Beim Ablängen muß, wenn das Blatt gelötet werden soll, ein Übermaß von 10 bis 20 mm zugegeben werden.

Zum Löten wird ein Hartlot verwendet, besonders Silberlot. Die zu verlötenden Enden müssen sorgfältig abgeschrägt werden. Zum Zusammenspannen und Erhitzen der Lötstelle dienen elektrische „Bandsägen-Lötapparate", jedoch nur bei Blättern für Tischlerbandsägen. Für Blockbandsägeblätter ist nur eine einzige brauchbare Ausführung von elektrischen Lötapparaten auf den Markt gekommen. Die Fabrik dieser Apparate ist aber im Kriege zerstört worden. Meistens werden Blockbandsägeblätter im Feuer gelötet.

Das Schweißen der Bandsägeblätter ist eine Neuerung. Geschweißt wird mit Gas. Das Schweißen ist auch bei Blockbandsägeblättern anwendbar.

Das Löten und Schweißen der Bandsägeblätter erfordert große Sorgfalt. Auch Risse, die beim Sägen in den Blättern entstehen, werden durch Löten oder Schweißen geflickt.

5.2. Die Herstellung der anderen gleichbreiten dünnen Sägeblätter aus Bandstahl

Baum-, Spann- und Bügelsägeblätter sind früher aus Blech hergestellt worden. Heute aber verarbeiten alle Sägenfabriken für Sägeblätter dieser Art ausschließlich Bandstahl (Abschnitt 2.34).

Jedoch ist erst ein Teil der Sägenfabriken dazu übergegangen, den Bandstahl auch noch am Bande zu zahnen und zu schränken. Das Ablängen kann dann mit dem Lochen und dem Zuschneiden der Blattenden zu einem einzigen Arbeitsgang vereinigt werden. Nur bei der Weiterverarbeitung im Band kann der Vorteil des bandförmigen Vormaterials voll ausgenutzt werden.

Als Einwand gegen das Zahnen am Bande wird manchmal vorgebracht, daß die Vorschubwalzen leichte Druckspuren auf dem Band hinterlassen können. Denn, wie früher (in Abschnitt 3.32) ausgeführt, hat nur der Walzenvorschub genügend Zugkraft zum Zahnen am Band. Es ist aber zweifellos richtiger, durch geeignete Ausbildung der Oberfläche der Förderwalzen die Druckspuren zu vermeiden, als zu dem veralteten Häkchenvorschub und zu dem unwirtschaftlichen Zahnen am Stück zurückzukehren.

Auch die trapezförmigen Blätter der Fuchsschwänze werden am Band gezahnt (Abb. 35).

Man verwendet dazu Bandstahl, dessen Breite doppelt so groß ist wie die mittlere Breite des Sägeblattes. Diesen Bandstahl zahnt man an beiden Rändern. Erst nach dem Zahnen zerschneidet man ihn in einzelne Blätter.

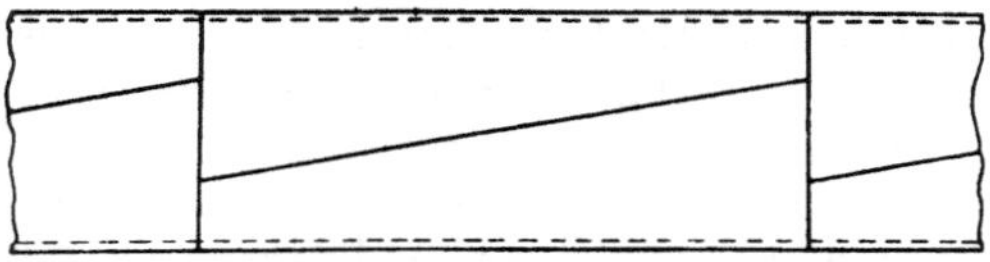

Abb. 35. Bandstahlaufteilung für Fuchsschwänze

Die Verwendung von Bandstahl bietet einen zusätzlichen Vorteil, wenn Bügelsägeblätter mit keilförmigem Querschnitt hergestellt werden sollen. Geht man hierbei von Blech oder von gehärtetem gleichdickem Bandstahl aus, so muß jedes einzelne Blatt keilförmig geschliffen werden, und das ist eine sehr zeitraubende Arbeit. Wesentlich einfacher ist es, dem Bandstahl schon beim Walzen den gewünschten Querschnitt zu geben.

Über die Herstellung von Laubsägeblättern s. Abschnitt 5.6.

5.3. Die Herstellung gebauchter Sägeblätter aus Bandstahl

Auch gekrümmte Steif- und Bügelsägeblätter werden heute meist aus gehärtetem Bandstahl hergestellt. Nur ist bei gekrümmter Zahnlinie ein Zahnen am Band nicht möglich. Solche Blätter müssen im Stück gezahnt werden, wie bei der Herstellung der Zugsägeblätter aus Blech beschrieben (Abschnitt 3.32).

Zugsägeblätter werden von der Mehrzahl der Sägenfabriken noch aus Blech hergestellt.

Aber auch die Herstellung aus gehärtetem Bandstahl ist nicht mehr selten. Die Gründe, die für die Auswahl der Stahlform entscheidend sind, sind früher in einem besonderen Kapitel (Abschnitt 2.3) ausgeführt worden: Es kommt einerseits darauf an, ob überhaupt Einrichtungen für das Härten von Blech vorhanden sind, andererseits darauf, ob überhaupt gehärteter breiter Bandstahl beschaffbar ist, bzw. zu welchem Preis.

Auch die Abfallfrage spricht mit: Beim Ausschneiden von Zugsägeblättern mit hohlem Rücken aus Blechtafeln entsteht weniger Abfall als beim Ablängen aus Bandstahl. Denn, wie schon beim Zuschneiden der Blechsägeblätter beschrieben (in Abschnitt 3.13), kann man die Blätterrisse so auf der Tafel verteilen, daß der Rücken und die Zahnlinie zweier benachbarter Blätter aneinanderschließen. Gerade umgekehrt aber liegen die Verhältnisse bei den Zugsägeblättern mit geradem Rücken. Der Abfall ist kleiner, wenn man sie aus Bandstahl ausschneidet. Denn dann können die Blattenden ineinander geschoben werden (Abb. 36). Der Übergriff beträgt bis $^2/_7$ ihrer Länge, die Stahlersparnis also bis $^1/_7$.

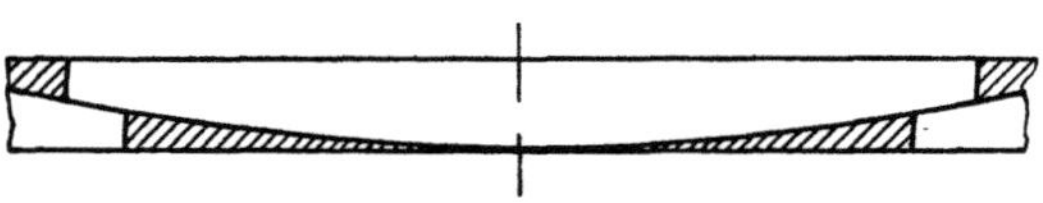

Abb. 36. Bandstahlaufteilung für Zugsägen

Die Herstellung der Zugsägeblätter aus gehärtetem Bandstahl ist einer österreichischen Sägenfabrik, nämlich der Firma Wüster & Co. in Wieselburg, im Jahr 1910 patentiert worden. Auf Grund dieses Patentes hat das genannte Unternehmen im Jahr 1913 eine Bandhärterei zum Härten von Bandstahl bis etwa 300 mm Breite errichtet.

Als Wärmequelle diente eine Halbgasfeuerung. Die gesamte Vergütungsanlage hatte eine Baulänge von 90 m und eine Tagesausbringung von 10 000 kg.

Unmittelbar nach Fertigstellung dieser Anlage brach der erste Weltkrieg aus, der mit der Zerstückelung des österreichisch-ungarischen Wirtschaftsgebietes endete. Damit wurden der Ausnutzung der Wieselburger Bandhärterei und ihrem weiteren Ausbau sehr enge Grenzen gesetzt. In manchen Jahren konnte die Anlage nur einige Wochen lang beschäftigt werden. Deshalb wurde im Jahr 1934 eine zweite, kleinere Bandhärteanlage errichtet, diesmal mit elektrischer Heizung.

Die vielen Erfahrungen, die sich beim Betrieb und beim Ausbau dieser kleineren Anlage ergeben haben, wurden im Jahre 1943 dazu verwendet, um auch die alte große Anlage auf selbsttätige elektrische Heizung umzustellen. Vorher mußte das firmeneigene Wasserkraftwerk entsprechend vergrößert werden. Die Anlage der Wieselburger Sägenfabrik zum Härten von breitem Bandstahl ist noch heute die einzige in Österreich. In Deutschland ist überhaupt keine Sägenfabrik im Besitz einer solchen Anlage.

5.4. Die Herstellung kleiner Kreissägeblätter aus Bandstahl

Auch Kreissägeblätter bis etwa 200 mm Durchmesser können wirtschaftlicher aus gehärtetem und poliertem Bandstahl hergestellt werden, wenn es sich um größere Mengen einer bestimmten Abmessung handelt. Das Ausschneiden und Zahnen unterscheidet sich jedoch nicht wesentlich von denselben Arbeitsgängen bei Kreissägeblättern aus Blech.

5.5. Die Herstellung der Gattersägeblätter aus Bandstahl

Auch Gattersägeblätter werden schon seit Jahren in manchen Ländern aus Bandstahl angefertigt, der gehärtet aus Schweden oder Deutschland bezogen worden ist. Auch die soeben erwähnte österreichische Sägenfabrik hat in einem ausländischen Zweigunternehmen laufend Gattersägeblätter auf diese Art hergestellt.

In Österreich selbst aber war eine einwandfreie Herstellung von gehärtetem Bandstahl mit dem für Gattersägeblätter erforderlichen Querschnitt erst nach der Elektrifizierung der Wieselburger Anlage im Jahre 1943 möglich. Schon damals wurden probeweise Gattersägeblätter aus Bandstahl hergestellt. Die metallographische Untersuchung und die praktische Erprobung zeigte, daß diese Blätter in nichts hinter erstklassigen Blechsägeblättern zurückstanden.

Von diesen ersten Versuchssägen aber bis zu einer laufenden Erzeugung war noch ein langer Weg. Die letzten Kriegsjahre und die ersten Nachkriegsjahre waren für Entwicklungsarbeiten die denkbar ungünstigste Zeit. Nach Kriegsende bis zum Jahre 1948 waren von dem einzigen österreichischen Stahlwerk, das warmgewalzten Bandstahl für Holzsägeblätter liefert, überhaupt keine Querschnitte für Gattersägeblätter zu bekommen.

Als endlich breites Warmband geliefert wurde, stellte sich heraus, daß die Kanten so ungerade sind, daß es unmöglich ist, sie durch Kaltwalzen allein gerade zu bekommen. Nun besaß zwar das Wieselburger Kaltwalzwerk planungsgemäß alle erforderlichen Spezialeinrichtungen zum Walzen des dicken Gattersägenstahles. Einrichtungen zum Besäumen so dicken Stahles aber mußten erst auf die erwähnte Beobachtung hin neu geschaffen werden.

Auch die weitere Entwicklung brachte allerlei Überraschungen. Ein weiteres Beispiel möge genügen: Das erste angelieferte Warmband für Gattersägeblätter bestand aus unlegiertem Stahl. Die Sägewerke wünschen aber durchweg legierten Stahl. Nun, eines Tages traf schließlich auch das sehnlich erwartete legierte Warmband ein. Aber, konnte das unlegierte Band nicht besäumt werden, so ließ sich das legierte nicht einmal walzen. Infolge der Legierungsbestandteile war ein großer Teil der Ringe so hart, daß das Band beim Walzen zersprang. Ein Weichglühen in der Sägenfabrik war unmöglich, weil die Ringdurchmesser größer waren als der Innendurchmesser der Glühtöpfe. Als das Band schließlich im Stahlwerk geglüht wurde, führte das zu einer Entkohlung, die das Band endgültig unbrauchbar machte. Das Stahlwerksunternehmen entschloß sich daraufhin, bis zum Herbst 1949 an der betreffenden Warmwalzstrecke kleinere Aufhaspel aufzustellen.

Alle diese Kinderkrankheiten können die technische Entwicklung verzögern, aber nicht aufhalten. Immerhin wird es noch geraume Zeit dauern, bis es mögich sein wird, allen Sägewerken die zuverlässigeren Bandstahlblätter zu liefern an Stelle der Blechsägeblätter, deren Qualität immer in höherem Maße von Zufällen abhängig bleiben wird.

Die Herstellung von Gattersägeblättern aus Bandstahl bringt den Herstellern den Vorteil einer weit sparsameren Lagerhaltung und einer weit kleineren Einrichtung. Darüber hinaus wäre es anreizend, den Gattersägenstahl auch am Band weiterzuverarbeiten, d. h. ihn so zu zahnen, zu schränken, zu schärfen und zu schneiden wie den Bandstahl für Band-, Spann- und Bügelsägeblätter. In Wirklichkeit ist aber nicht bekannt geworden, daß eine der Sägenfabriken, die Gattersägeblätter aus Bandstahl herstellt, auch diesen Vorteil wahrnimmt. Selbst in Wieselburg wird der Bandstahl für Gattersägeblätter noch vor dem Zahnen auf Sägenlänge zerschnitten.

Der Grund für diesen Verzicht auf die mechanische Weiterverarbeitung am Bande liegt darin, daß gehärteter Bandstahl von Gattersägendicke nicht so leicht zu handhaben ist wie der Bandstahl für die dünneren Blätter. Schon die Haspel müssen Durchmesser über einem Meter haben, und die Bändigung der Blattenden verlangt von den Arbeitern viel Kraft und Behendigkeit. Die Beschaffung hinreichend kräftiger Hilfseinrichtungen kann aber in Sägenfabriken, die in größerem Maßstab gehärteten Bandstahl zu Gattersägeblättern verarbeiten, nur eine Frage der Zeit und der Durchsatzmengen sein.

5.6. Die Herstellung der Laubsägeblätter

Laubsägeblätter werden aus gezogenem oder geplättetem Draht hergestellt. Sie werden am Bande gezahnt und gehärtet. Die einzelnen Arbeitsgänge sind schon im Zusammenhang mit den zugehörigen Zahnmaschinen (Abschnitte 3.38 und 3.39) beschrieben worden.

Die Laubsägeblätter sind die einzigen Holzsägeblätter, die erst nach dem Zahnen gehärtet werden.

Allerdings gibt es noch ein anderes, sägeblattähnliches Schneidwerkzeug, das ebenfalls am Bande gezahnt wird (mit denselben automatischen Zahnpressen wie z. B. Bandsägeblätter) und das erst nachher am Bande gehärtet wird. Das sind die Kartoffelreiben, die in der Stärkeerzeugung verwendet werden. Sie haben AV-Zähne, und zwar so steile, daß sie in gehärtetem

Zustand nicht ausgepreßt werden könnten. Im Gegensatz zu Sägeblättern schneiden Kartoffelreiben nicht in der Blattebene, sondern senkrecht dazu.

6. Die Normung der Holzsägeblätter

6.1. Das Wesen der Normung

Seit rund zehn Jahren hört man ab und zu von der Existenz sogenannter „Sägennormen". Mancher alterfahrene Sägenmann schüttelt dann abwehrend den Kopf. Er glaubt, es handle sich nur um willkürliche Vereinfachungen, welche die Sägeblatthersteller den Verbrauchern aufzwingen wollen, um selbst ein möglichst bequemes Leben führen zu können und um auf fremde Kosten Geld zu sparen.

In Wirklichkeit ist der Sinn der Normung gerade das Gegenteil einer oberflächlichen und eigennützigen Berufsauffassung. Normung ist, kurz gesagt, umfassender Erfahrungsaustausch über die Bestgestaltung eines bestimmten Erzeugnisses. Ein Erfahrungsaustausch allerdings, der nicht auf dem halben Wege schöner Reden stekken bleibt, sondern der in fleißiger Kleinarbeit bis zu Ende geführt wird, nämlich bis zu dem greifbaren Ende allgemeingültiger technischer Vereinbarungen.

In dem Fachnormenausschuß für irgendein Erzeugnis sitzen die maßgebendsten Fachleute, nämlich die von den Herstellern, Verbrauchern und Händlern, von den Lehr- und Forschungsanstalten und von den Behörden benannten Vertreter. Hat ein Fachnormenausschuß nach mehrjährigen Untersuchungen und Verhandlungen eine Norm fertig, dann wird sie erst in einer Fachzeitschrift als „Entwurf" veröffent-

DK 674.053:621.933.613

Gesetzlich geschützte Marke

Gattersägeblätter

für Vollgatter für Holz

Blatt

ÖNOR
M 44

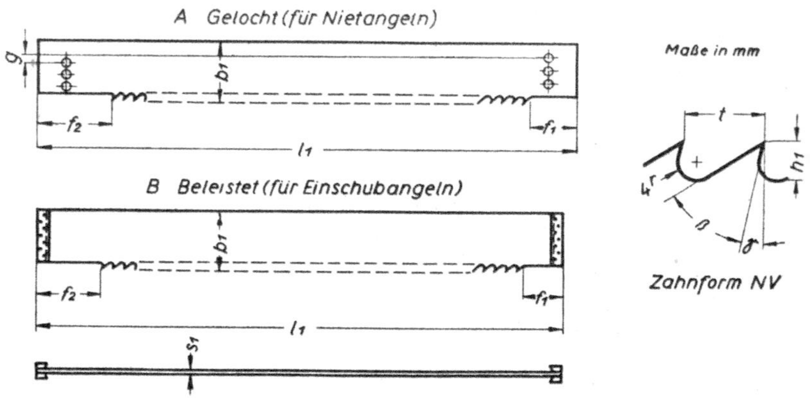

Länge l_1	Breite b_1		Dicke s_1			Ungezahnte Kopflänge			
						oben f_1		unten f_2 [1]	
	Regelbr.	Sonderbr.	Regeldicke	Überdicke [2]	Unterdicke [2]	A gelocht	B beleistet	A gelocht	B beleistet
bis 1250	**120**	—	**1,8**	—	1,6 1,4 1,2	**120**	**100**	**165**	**145**
über 1250 bis 1500	**140**	160	**1,8**	2,0	1,6	**120**	**100**	**175**	**155**
über 1500	**160**	140	**2,0**	2,2	1,8	**120**	**100**	**175**	**155**

Zahnform	Verwendung	Spanwinkel γ	Keilwinkel β
NV12°	Hart- und Mischholz	**12°**	**44°**
NV18°	Weichholz	18°	40°

Zahnteilung t	Zahnhöhe $h_1 \pm 1$
18	9
22	12
25	**14,5**
28	17

Beachte Fußnote 3 (22, 25)

[1]) Die Zahlentafel enthält Größtmaße von f_2. Sie sind so weit zu unterschreiten, daß der letz (= unterste) Zahn gerade noch seine volle Höhe erreicht, daß also die gezahnte Länge $l_1 - f_1$ – durch t teilbar ist.

Richtlinien für die Anwendung der genormten Sonderabmessungen:

[2]) Die Überdicke ist bestimmt für Hochgebirgsholz und zum Schneiden von Eisenbahnschwelle Die angegebenen fettgedruckten Regeldicken [4]) entsprechen den z. Z. durchschnittlichen B triebsverhältnissen. Bei ganz einwandfreiem Zustand des Gatters, bei hochwertiger Gatter- ur Werkzeugpflege und bei den Teilungen 22 und 18 mm ist jedoch im Hinblick auf den Schnit verlust oft – besonders bei Blättern bis 1250 mm – die erste Unterdicke der Regeldicke vo zuziehen, und auch bei Hochgebirgsholz die Regeldicke der Überdicke.

[3]) Die Teilung 25 mm bildet in Österreich noch die Regel. Seitens der technischen Forschung wir jedoch den Sägewerkern empfohlen, nach dem Vorbild anderer Länder die Regelteilung zu ve kleinern, d. h. also in der Bestellung nach Möglichkeit die fortschrittlichere Teilung 22 mm vo zuziehen.

Ausgabetag: 5. Jänner 1950		Fachnormenausschu „Werkzeuge" (Sägeblätter und Handsägen)

Abb. 37. Österreichisches Normblatt über Gattersägeblätter

licht. Jeder einzelne Fachmann hat dann Gelegenheit, zu dem Normentwurf Stellung zu nehmen. Erst nach Ablauf einer bestimmten Einspruchsfrist kann die Norm endgültig in Kraft gesetzt werden. Stellen sich nachher doch Mängel heraus, so können sie in der nächsten Auflage der Norm einvernehmlich behoben werden.

Um zu zeigen, wie so ein Normblatt aussieht, ist nebenstehend die Vorderseite der Önorm M 4401 über Gattersägeblätter abgebildet.

6.2. Verbilligung durch Normung

Normung ist zweckmäßigste Auswahl aus der unendlich großen Zahl aller überhaupt möglichen Ausführungen. Die Ausscheidung überflüssiger und weniger guter Ausführungen zeitigt zweifellos unter anderen Folgen auch eine erhebliche Verbilligung. Diese Verbilligung kommt aber nicht nur dem Hersteller, sondern dem Erzeugnis selbst, also auch dem Verbraucher zugute.

Die Verbilligung durch Normung kommt auf sehr verschiedene Arten zustande.

6.21. Freimachung von Umlaufkapital (in den Warenlagern)

Durch die Normung schrumpft zunächst einmal der Umfang aller Sägenformen, die der Hersteller und der Händler auf Lager halten müssen, auf einen Bruchteil zusammen. So hat allein schon die Beseitigung der Zollmaße aus dem mitteleuropäischen Sägenhandel Wunder gewirkt. Vor zwei oder drei Jahrzehnten mußte ein österreichischer Hersteller oder Großhändler von Holzsägeblättern schon wegen der Zollmaße fast doppelt so viel Sägengrößen auf Lager halten wie heute. Dabei handelte es sich nicht etwa um englische Zoll, die auch heute noch einen großen

Teil der Welt beherrschen, sondern um die davon etwas abweichenden Wiener Zoll.

Genau dasselbe, was von den Lagern fertiger Sägeblätter und Handsägen gilt, gilt in den Sägenfabriken auch von den Lagern an Vor- und Hilfsmaterial, wie Sägenblech, Bandstahl, Nieten usw. Wer z. B. Gattersägeblätter aus Bandstahl macht, braucht seit der Normung nur mehr drei verschiedene Bandstahlbreiten, nämlich 120, 140 und 160 mm, auf Lager zu halten.

Warenlager sind Umlaufkapital. Ein kleinerer Kapitalbedarf für die Lagerhaltung bedeutet die Möglichkeit, entweder Zinsen zu sparen oder mit dem freiwerdenden Kapital rationelle Erzeugungsmittel anzuschaffen.

6.22. Freimachung von Anlagekapital (bei den Erzeugungsmitteln)

Die Normung macht aber auch Erzeugungsmittel, d. h. Anlagekapital frei. Z. B. erfordert, wie beim Zahnen beschrieben (in Abschnitt 3.34), jeder neue Keilwinkel einen neuen Zahnschnitt. Die Herstellung eines solchen Zahnschnittes kostet 1000 S oder mehr. Es ist daher offensichtlich was für eine Verteuerung alle Sonderwünsche bezüglich der Zahnform mit sich bringen. Die acht genormten Zahnungen für Gattersägeblätter dagegen sind so aufeinander abgestimmt, daß zu ihrer Herstellung zwei Zahnschnitte ausreichen.

6.23. Vergrößerung der Kapazität

Die soeben als Beispiel angeführte Normung der Gattersägenzähne hat noch eine andere Wirkung. Und zwar vergrößert sie die Kapazität der Sägenfabrik.

Die Herstellung der Zahnschnitte ist nämlich ein personeller Engpaß der meisten Sägenfabriken, wie schon früher (in Abschnitt 3.34) erwähnt worden ist. Dieser Engpaß wird beseitigt, wenn man die Anzahl der Zahnschnitte, die gleichzeitig in einer Sägenfabrik vorhanden sein müssen, planmäßig verringert. Die Fabrik kann dann mit derselben Einrichtung in derselben Zeit mehr Sägeblätter erzeugen. Jede Umsatzsteigerung aber verringert bekanntlich die Selbstkosten des einzelnen Stückes.

6.24. Verringerung des Abfalles

Wenn irgend eine Art Sägeblatt in sehr viel verschiedenen Abmessungen, z. B. Längen, verlangt wird, dann können die Sägenfabriken das Vormaterial, z. B. das Stahlblech, nicht für jede beliebige Abmessung vorrätig halten. So sind z. B. in allen österreichischen Sägenfabriken Gattersägenbleche nur für die Längen 1000, 1100, 1200, 1300 usw. auf Lager. Zwischenabmessungen verursachen Abfall, und der Verbraucher muß die volle Blechlänge bezahlen. Ein Beispiel: Zu dem DIN-Gatter 56 (nach DIN 8801) gehört ein beleistetes Blatt von der Länge 1205 mm (nach DIN E 8803). Dieses 1205 mm lange Blatt kostet in Österreich ebensoviel, als ob es 1300 mm lang wäre.

In Österreich gibt es vorläufig keine eigene Gatternorm, und die DIN-Norm wird von den österreichischen Gatterbauern nicht eingehalten. Die DIN-Norm ist zwar noch gültig, aber nicht verbindlich. Sollten in einem späteren Zeitpunkt einmal Gatter mit den DIN-Abmessungen so verbreitet sein, daß z. B. die Blattlänge 1205 häufig ist, dann werden die Sägenfabriken Bleche genau für diese Länge vorrätig halten, und die Verbraucher werden keinen Abfall mehr zu bezahlen brauchen. Werden schließlich eines Tages irgendwelche genormten Blattlängen wesentlich häufiger als alle anderen Längen, dann wird auch der Gesamtabfall in den Sägenfabriken kleiner.

6.25. Arbeitsersparnis

Jede noch so kleine Änderung an den Abmessungen oder an der Ausführung eines Sägeblattes erfordert bei der fabriksmäßigen Herstellung, wenn schon nicht die Anfertigung neuer Werkzeuge, so doch mindestens die Umstellung mehrerer Maschinen. So muß z. B. zur Änderung einer Zahnform der Zahnschnitt im Zahnautomaten ausgetauscht werden, und der Vorschub muß verstellt werden. Auch der Schränk- und der Schärfautomat müssen neu eingestellt werden. Und selbstverständlich entsteht auch zusätzliche Verwaltungsarbeit.

Umstellungen kosten also ziemlich viel Arbeitszeit. Ist an dem Zeitverlust der Besteller schuld, etwa durch Beharren auf einer ungewöhnlichen Sonderausführung, dann müßte er von rechtswegen einen Untermengenaufschlag zahlen. Aber auch schon ohne ausgefallene Sonderwünsche macht die Zersplitterung der Bestellungen jede rationelle Massen- oder auch nur Serienfertigung unmöglich, so lange man die Auswahl zwischen allen überhaupt möglichen Stoff-, Form- und Maßkombinationen dem statistischen Zufall überläßt.

Viel Arbeitszeit könnte durch die Verwendung von Sonderwerkzeugen gespart werden. Ein Beispiel sind die Vollschnitte, die beim Zahnen der Kreissägeblätter (Abschnitt 3.37) und beim Beleisten der Gattersägeblätter (Abschnitt 3.84) beschrieben worden sind. Mit ihrer Hilfe dauert das Auspressen der Zähne bzw. der Nietlöcher nur einen kleinen Bruchteil des Vorschub-Zahnens und des Einzeln-Bohrens.

Um so mehr Zeit kostet allerdings die Anfertigung solcher Vollschnitte. Sie lohnt sich deshalb nur bei serienweiser Verwendung. Aber gerade das Beispiel der Beleistungen zeigt besonders deutlich, daß Möglichkeiten für eine durchgreifende Vereinheitlichung oft leicht zu finden sind, wenn das technische Problem einer Normung überhaupt erst einmal aufgerollt wird: Der Önorm-Entwurf über Beleistungen enthält eine Lochverteilung, die den meisten üblichen Lochungen sehr nahe kommt und die trotzdem die Verwendung ein- und desselben Vollschnittes für alle drei genormten Blattbreiten (120, 140 und 160 mm) und für alle Leistenbreiten zwischen 25 und 30 mm gestattet.

6.3. Leichtere Beschaffbarkeit

Normung verkürzt auch die Lieferzeiten. Denn wenn ein Sägeblatt-Hersteller mit Sicherheit voraussehen kann, daß eine bestimmte kleinere Anzahl von Größen und Ausführungen dauernd besonders verlangt wird, dann kann er diese Typen in Serien auf Vorrat anfertigen. Der Liefertermin lautet dann auf „sofort".

Soeben war von Vollschnitten die Rede, und zwar im Hinblick auf die durch sie erzielbare Verbilligung. Selbstverständlich wirkt sich aber die arbeitssparende Wirkung solcher Sonderwerkzeuge, die nur für die genormten Ausführungen zu einer Verbilligung führen kann, auf jeden Fall in einer Verkürzung der Lieferzeit aus. Bei den Beleistungen und in vielen anderen Fällen ist dieser Vorteil für den Verbraucher fast noch wichtiger als die Verbilligung.

Normung sichert also die Beschaffbarkeit. Die Beschaffbarkeit von passenden Ersatzblättern wird auch dadurch gesichert, daß die Anschlußmaße der Blätter zwischen den Herstellern der Blätter und den Herstellern der Sägemaschinen, der Sägebügel und der Sägengestelle vereinbart werden. „Anschlußmaß" ist das Maß, welches das Sägeblatt mit seinem Träger gemeinsam hat. Das Anschlußmaß kann daher sowohl am Blatt als auch an seinem Träger gemessen werden. So muß z. B. der „Angellochabstand" eines Spannsägeblattes mit der „Gestellweite", d. h. mit dem Abstand der Haltestifte des Sägengestelles, übereinstimmen.

Bei den Gestellsägen war es eine alte Streitfrage, welche von den nachfolgenden drei Längen am Blatt „Nennmaß", also eine runde Zahl (700, 800, 900 mm usw.) sein soll:

Der Angellochabstand,
die gesamte „Blattlänge" oder
die gezahnte „Schneidlänge".

Die Hauptarbeit bei der Normung der Gestellsäge war getan, sobald man den Grundsatz vom Vorrang des Anschlußmaßes angenommen hatte. Denn Anschlußmaß ist von den drei genannten Längen nur der Angellochabstand. Als einige Jahre vorher die Bügelsägeblätter genormt wurden, war der Grundsatz vom Anschlußmaß leider für Sägeblätter noch nicht aufgestellt worden.

6.4. Bestformen

Die durch Normung herbeigeführte Typenbeschränkung bedeutet, um das bisher Gesagte zusammenzufassen, Verbilligung und leichtere Beschaffbarkeit.

Aber Typenbeschränkung ist nur die eine Seite der Normung. Die andere Seite ist die Ermittlung und Festlegung der Bestformen, d. h. der für die Verwendung zweckmäßigsten Ausführungen. So sind z. B. die in der Vornorm DIN 6492 vom Juni 1942 über Zugsägen festgelegten fünf Blattformen mit ihren Abmessungen das Endergebnis der vielen theoretischen und praktischen Versuche, die zahlreiche Forscher, darunter auch der Wiener Exner, innerhalb von 80 Jahren angestellt haben. Den letzten Abschluß dieser Entwicklungsreihe bildeten die Forschungsergebnisse, welche die Herren Dr. Strehlke (1929), Dr. Gläser (1932) und Dr. Stenzel (1935 und 1939) veröffentlicht haben. Zentralstelle für diese Arbeiten war die Iffa, das Institut für forstliche Arbeitswissenschaft in Eberswalde.

Jeder Sägenbenutzer kann leicht feststellen, ob ein bestimmtes Sägeblatt im Gebrauch bestimmte Mängel oder Vorzüge hat, z. B. ob die Schrank- oder Schneidhaltigkeit besonders groß oder klein ist oder ob sich das Blatt verläuft. Aber selbst dann, wenn er sehr viele persönliche Erfahrungen hat, wird er meistens nicht mit Sicherheit unterscheiden können, ob bzw. in welchem Maße die von ihm beobachteten Benutzungseigenschaften eine Folge der verschiedenen Herstellungsvarianten sind, also eine Folge der Zusammensetzung des Werkstoffes, der Vergütung, der Spannung, der Zahnform, der Zahnteilung, der Zurichtung der Zähne usw. Es ist deshalb durchaus zum Besten der einzelnen Sägenbenutzer, wenn solche offene technische Fragen durch organisierten Erfahrungsaustausch und durch unbestechliche Forschungsarbeit geklärt werden und wenn die schließlich gefundenen Bestwerte und Bestformen den Herstellern in Form von Normen vorgeschrieben werden. So ist die Normung ein Schutz der Sägenverbraucher und nicht eine angemaßte Bevormundung.

Bis vor etwa zehn Jahren wurde den Sägenbenutzern überhaupt kaum Gelegenheit gegeben, die verschiedenen Herstellungsvarianten eines bestimmten Herstellers oder mehrerer Hersteller untereinander zu vergleichen. Z. B. wurden in den Preislisten, Angeboten und Rechnungen die Stahlarten, in welchen eine bestimmte Sägenart geliefert wird, überhaupt nicht angegeben. Es fanden sich nur mehrere, gewöhnlich drei, sogenannte „Qualitäten", die entweder durch verschiedene Bildmarken, wie z. B. „Pegasus", „Monstranz" und „Steigbügel", unterschieden wurden oder durch ebenso nichtssagende Wortbezeichnungen, wie „Extra", „Prima prima" und „Prima".

Dabei war es noch nicht einmal klar, ob sich diese Qualitätsunterschiede auf den Stahl, auf die Politur des Blattes, auf die Ausführung des Holzheftes oder auf noch andere Eigenschaften beziehen sollten. Besonders schlimm war es, wenn Stahlbezeichnungen verwendet wurden, die überhaupt keine reale Bedeutung haben, wie z. B. „Tiegelgußstahl", „Manganstahl", „Silberstahl". Angesichts eines solchen Blendwerks war es nicht gar so sehr aus der Luft gegriffen, wenn Skeptiker gelegentlich behaupteten, der einzige Unterschied zwischen den Qualitäten liege im Preis.

Andere technische Kennzeichen, wie z. B. Härte, Blattdicke, Spanwinkel, Teilung und Zähnezahlen, sind auch in den heutigen Firmendrucksachen meistens noch in Dunkel gehüllt.

Durch die Normung ist eine grundlegende Änderung eingetreten. Verschiedene erprobte Stahlzusammensetzungen, unterteilt in die Qualitäten SM-Stahl, unlegierter Elektrostahl und legierter Stahl, wurden festgelegt. Die genormten Anteile an Kohlenstoff, Mangan, Phosphor usw.

sind schon früher (in Abschnitt 2.1) wiedergegeben worden. Die Hersteller der Sägeblätter müssen nach den Normungsvereinbarungen nicht nur die genormten Stahlzusammensetzungen einhalten. Darüber hinaus ist es ihnen zur Pflicht gemacht, in den Preislisten und auf den Sägeblättern selbst anzugeben, aus welcher von den genormten Stahlarten das Blatt besteht. SM-Stahl ist weniger rein als Elektrostahl. Nach den Normen darf er für verschiedene hochwertige Sägeblätter, die früher fast ausschließlich aus SM-Stahl hergestellt wurden, überhaupt nicht mehr, oder nur mehr auf besondere Bestellung, verarbeitet werden.

So wie für den Werkstoff der Blätter werden auch für alle anderen technischen Kenngrößen, z. B. für Härte und Zahnung, in den Normen Bestwerte vorgeschrieben.

6.5. Klare Verständigung

Eindeutige Vorschriften für die Ausführung der Sägeblätter könnten in den Normen gar nicht gegeben werden, wenn nicht zuvor klare Begriffe und Begriffsbezeichnungen geschaffen und vereinbart würden. Die meisten Eigenschaften der Sägeblätter können und müssen dabei durch Maßzahlen ausgedrückt werden. Wenn das nicht geht, müssen wenigstens eindeutige Benennungen festgesetzt werden. So schafft die Normung ganz allgemein die Grundlage für klare Verständigung zwischen Herstellern und Verbrauchern. Im Falle von Beanstandungen bleibt für Streitfragen dann nur mehr wenig Spielraum.

Ein häufiger Anlaß zu Meinungsverschiedenheiten zwischen Herstellern und Verbrauchern ist die Härte der Blätter. Was einem modernen Sägewerk zu „weich" ist, kann einem anderen, das noch keinen Schärfautomaten hat oder die

Blätter selbst zahnt, noch zu „hart" sein. Besonders vorsichtige Leute bestellen die Blätter „zähhart". Alle solchen Vorschriften, wie „weich", „hart" und „zähhart" besagen in Wirklichkeit gar nichts. Seit der Normung wird die Blatthärte in Rockwell-C-Einheiten angegeben (siehe Abschnitt 3.25), und ein Mißverständnis ist nicht mehr möglich. Die Sägewerke haben zwar selbst keine Rockwell-Apparate. Aber sie können sich die Härte derjenigen Blätter merken, die ihnen zugesagt haben. Außerdem können sie von der Sägenfabrik Probestücke von bekannter Rockwell-Härte verlangen. Durch Anfeilen können sie Vergleiche anstellen. Viele Sägenverbraucher glauben, die Blätter der einen Sägenfabrik seien härter als die der anderen. Das ist falsch. Beim Anlassen der Sägeblätter (Abschnitt 3.24) ist gezeigt worden, daß die Härte nur von der Anlaßtemperatur abhängt. Jede Sägenfabrik kann jede Härte liefern. Es kommt nur darauf an, daß man sich mit ihr verständigen kann.

Nicht alle Kennzeichen einer Säge lassen sich durch Maßzahlen ausdrücken. Deswegen ist auch eine Normung von B e n e n n u n g e n notwendig. Ein Beispiel ist die Benennung „Handsäge". Darunter verstanden die Remscheider Sägenfabriken bis vor kurzem zweierlei: Erstens „Fuchsschwänze" (entsprechend der englischen Benennung „hand saw") und zweitens „Gestellsägen". Zu was für Fehllieferungen eine solche Zweideutigkeit führen kann, ist offenbar. Im Zuge der Normung nun haben sich die Remscheider durch Rundfragen in anderen Teilen des deutschen Sprachgebietes von der Unzweckmäßigkeit eines solchen Sprachgebrauches überzeugen lassen. Sie haben sich damit einverstanden erklärt, daß künftig in den Normblättern ebenso wie bei uns die trapezförmigen Steifsägen als „Fuchsschwänze" und die spannsägenartigen Sägen als „Gestellsägen“ bezeichnet werden und daß das Wort „Handsägen“ für den Sammelbegriff, d. h. für das Gegenstück zu den „Maschinensägen“, freigehalten wird.

Außer Maßangaben und Benennungen müssen auch Zeichen genormt werden, manchmal auch als Ersatz für mangelhafte Benennungen. Verlangt z. B. ein Besteller einen „steilen Hakenzahn“, dann bekommt er mit großer Wahrscheinlichkeit etwas ganz anderes, als er sich vorgestellt hat. Schreibt er dagegen gemäß Norm den anschaulichen Formbuchstaben und den Spanwinkel vor, z. B. K 20°, dann ist eine Fehllieferung unmöglich.

Viele Streitfragen haben die Genauigkeit von Maßen zum Gegenstand. Muß z. B. ein Sägenhersteller ein Blatt deswegen zurücknehmen, weil es statt 1,8 mm nur 1,7 mm dick ist? Jeder Techniker weiß, daß eine „ganz genaue“ Einhaltung eines Nennmaßes überhaupt nicht möglich ist. Irgend eine Abweichung, und sei es nur ein hundertstel oder ein tausendstel Millimeter, muß also zugelassen werden. Aber wo ist die Grenze? Sie kann nur durch Vereinbarung festgelegt werden.

Deshalb sind in den Sägennormen für die wichtigsten Nennmaße der Sägeblätter höchstzulässige Abmaße oder, wie man sagt, „Toleranzen“ festgesetzt worden. Eine Toleranz darf nicht so groß sein, daß sie dem Verwendungszweck des Blattes abträglich ist. Sie darf aber andererseits auch nicht unnötig klein sein, weil dann die Herstellung und damit die Säge selbst unnötig verteuert würde. Die Toleranz für die Dicke von Blechsägeblättern z. B. beträgt, wie schon früher beim Schleifen erwähnt (in Abschnitt 3.42), ±0,1 mm. Reicht bei Kreissägeblättern diese Toleranz nicht aus, dann können enger tolerierte

Blätter geliefert werden (Abschnitt 3.45), aber nur gegen Preisaufschlag.

Es genügt nicht, eine Toleranz festzusetzen. Es muß auch ständig nachgeprüft werden, und zwar schon in der Fabrik, ob bei den zur Lieferung gelangenden Blättern die vereinbarten Toleranzen wirklich eingehalten sind. Das geschieht am bequemsten und objektivsten mit Hilfe von Grenzlehren. Eine Grenzlehre für die Blattdicke ist ein flaches, längliches Stahlstück, das an beiden Enden einen Schlitz hat. Bei einer Grenzlehre für die Blattdicke 1,8 mm und für die Toleranz ±0,1 mm hat der eine Schlitz eine Breite von 1,9 mm und der andere von 1,7 mm. Entspricht das Blatt der Vorschrift, dann geht es nur in einen der beiden Schlitze hinein, selbstverständlich in den breiteren. Paßt das Blatt in keinen von den beiden Schlitzen oder in beide, dann ist es auszuscheiden.

Nun können aber auch die Schlitze der Lehre selbst nicht ganz genau sein. Ihre Dickentoleranz ist aber von einer kleineren Größenordnung als die des Blattes. Sie beträgt bei Dickenlehren für Sägeblätter etwa 0,0035 mm. Infolge dieser genauen Arbeit sind Lehren so teuer, daß sie bis vor kurzem in Sägenfabriken kaum verwendet worden sind. Aber nicht nur der hohe Stückpreis allein ist daran schuld, sondern auch die Tatsache, daß vor der Normung die Zahl aller vorkommenden Dicken, Bohrungen usw. viel zu groß war. Außerdem hat die Anschaffung der Lehren erst dann vollen und bleibenden Wert, wenn überhaupt Toleranzen genormt sind. So kommt es, daß die Verwendung von Grenzlehren in der Sägenindustrie erst durch die Normung aktuell geworden ist.

Die Klarheit der Begriffe und Benennungen, die die Sägennormung gebracht hat, kommt nicht nur der Verständigung zwischen Käufer und Verkäufer oder zwischen allen Mitarbeitern einer Sägenfabrik zugute. Sie verhilft vielmehr jedem einzelnen dazu, seine Vorstellungen von den Eigenschaften der Sägeblätter und von ihrer Wirkung übersichtlich zu ordnen. Das Wissen von den Sägeblättern wird dadurch besser merkbar und besser lehrbar. So ist die Normung nicht nur eine Entrümpelung der Werkstätten und Lager von veraltetem und überflüssigem Ballast, sondern gleichzeitig auch eine Entrümpelung der menschlichen Gehirne.

6.6. Die Entwicklung der Holzsägennormung

6.61. Die Sägennormung vor dem zweiten Weltkrieg

Die ersten Anfänge einer Holzsägennormung reichen bis zum Jahr 1927 zurück. Damals arbeitete der Deutsche Normenausschuß (DNA) Normentwürfe über Fuchsschwänze, Zug- und Spannsägen aus. Sie waren auf Vorschläge des Deutschen Sägen- und Maschinenmesserbundes begründet. Gegen diese Entwürfe erhob Prof. Hilf, der Leiter des bereits erwähnten Instituts für forstliche Arbeitswissenschaft (Iffa) Einspruch. Die sägetechnischen Grundlagen seien noch nicht hinreichend geklärt. Daraufhin wurden die Normungsarbeiten in Deutschland nicht mehr fortgesetzt. Nur der Fachnormenausschuß „Bergbau" brachte kurz darauf (1928) für seine Sonderzwecke Normblätter über Fuchsschwänze und Bügelsägen heraus. Sie sind heute nicht mehr in Kraft.

Im Jahr 1931 erschien in England ein Normblatt über die Befestigung der Holzkreissägeblätter auf der Welle. Weitere Normblätter über Holzsägen sind in England bis heute nicht erschienen. Zwei verwandte deutsche Normen, nämlich eine über

„Normaldurchmesser für Holzbearbeitungsmaschinen“ (1926) und eine andere über „Bohrungen für Werkzeuge für Holzbearbeitungsmaschinen“ (1927), sind später wieder zurückgezogen worden.

In Österreich arbeitete die Sägenfabrik Wüster & Co. in den Jahren 1931 bis 1934 vollständige Werknormen über alle Holzsägenarten aus. Diese Werknormen waren teils Werkstattzeichnungen der Sägeblätter und Handsägen, teils allgemeine Normen über Einteilung und Benennung der Sägenarten, über Einteilung, Bezeichnung und Bemessung der Zahnformen, über die Werkstoffe für Sägeblätter usw. Im Anschluß an diese Arbeiten einigten sich die führenden österreichischen Sägenfabriken auf eine inhaltlich gemeinsame Preisliste. Manche Einzelheiten dieser Preislisten konnten schon als Vorstufe einer österreichischen Norm, allerdings nur einer Herstellernorm, gelten.

Auf Grund dieser Vorarbeiten schlug im Jahre 1934 der Österreichische Normenausschuß (ÖNA) der ISA, d. h. dem Weltbund aller nationalen Normenausschüsse, vor. die internationale Normung der Holzsägeblätter in Angriff zu nehmen. Dieser Vorschlag scheiterte daran, daß die Remscheider Sägenfabriken kein hinreichendes Interesse bezeigten.

Dafür aber begannen zwei andere Länder in den darauffolgenden Jahren mit der Sägennormung. Und zwar veröffentlichte in den Jahren 1936 und 1937 der Französische Fachnormenausschuß für Werkzeuge Normblätter über Zug-, Spalt-, Bügel-, Gestell-, Kreissäge- und Bandsägeblätter. Im Jahre 1938 folgte der Ungarische Normenausschuß mit Normblättern über Zugsägen und zusammenlegbare Tischler-Gestellsägen.

Wenn es auch vor dem Kriege nicht gelungen war, in der ISA die internationale Sachnormung der Sägen in Gang zu bringen, so befaßte sich die ISA doch vom Jahre 1937 an wenigstens mit der Terminologie der Sägen. Im Auftrage des Technischen Komitees 37 „Terminologie" der ISA arbeitete der ÖNA den Entwurf eines Definitionswörterbuches der Holzsägen aus. Außer der Definition der einzelnen Begriffe enthielt dieser Entwurf deren Benennungen in den Sprachen Deutsch, Englisch, Französisch, Italienisch, Spanisch, Esperanto und Occidental.

6.62. Die Sägennormung während des Krieges

Die gesamte technische Normung der meisten Industrieländer ist aus den Bedürfnissen der Kriegswirtschaft während des ersten Weltkrieges entstanden. In ähnlicher Weise brachte der zweite Weltkrieg in mehreren Ländern die Sägennormung in Gang, nämlich in Deutschland, in der Tschechoslowakei und in der Sowjetunion.

In Deutschland wurde die Sägennormung im Jahre 1939 von oben her angeordnet. Nach verschiedenen Anläufen wurde im Jahre 1942 E. Wüster als Obmann des DIN-Fachnormenausschusses „Sägeblätter für Holzbearbeitungsmaschinen" eingesetzt. Auch bei der Normung der Handsägen stützte sich die Fachgruppe Werkzeugindustrie in Remscheid, die bei der Sägennormung federführend war, weitgehend auf die österreichischen Vorarbeiten.

Während des Krieges erschienen DIN-Blätter über die Werkstoffe, über Zugsägen und über Bügel-, Gatter-, Kreis- und Bandsägeblätter. Außerdem lagen bei Kriegsende allerlei noch unveröffentlichte Entwürfe vor, darunter Grundnormen über die Benennung der Sägeblätter, über die Meßgrößen der Zahnung und über die Bezeichnung der Zahnformen.

In der Tschechoslowakei erschienen 1943 und 1944 Normen über Zugsägen und Bügelsägeblätter, die sich inhaltlich mit den DIN-Normen decken.

Der Sowjetische Normenausschuß veröffentlichte 1944 ebenfalls ein Normblatt über Bügelsägeblätter.

6.63. Die Sägennormung nach dem Kriege

In Österreich sind alle bis zum Kriegsende erschienenen DIN-Normen so lange gültig, bis sie durch eigene Önormen ersetzt sind. Solche Önormen gibt es seit 1948 für Kreissägeblätter und seit 1949 für Gatter- und Bandsägeblätter. Weitere sind in Vorbereitung.

In der Tschechoslowakei bleiben die in der Kriegszeit angenommenen Normen trotz ihrer Abhängigkeit von den Dinormen in Geltung.

In Deutschland sind nach dem Kriege einige von den Entwürfen, die bei Kriegsende vorlagen, als Dinormen in Kraft gesetzt worden. Es sind das die Blätter über Rückensägen, Fuchsschwänze, Stich- und Gestellsägen sowie die erweiterten Technischen Lieferbedingungen. Außerdem sind Normblätter über vollständige Zug- und Bügelsägen erschienen (nicht nur über die Blätter allein, wie vor dem Kriege). Diese Dinormen aus der Nachkriegszeit haben selbstverständlich für Österreich keine Geltung.

Kurz nach dem Kriege hat auch Schweden mit der Sägennormung begonnen. Und zwar erschienen 1945 fünf Normen über Kreissägeblätter und 1947 eine Norm über Gattersägeblätter.

Die Sowjetunion hat 1948 die Gärtnersteifsägen genormt.

Im Jahre 1949 folgte Finnland mit Gattersägeblättern und Polen mit Zugsägen. 1951 wurden in Finnland auch die Bügelsägeblätter genormt.

6.64. Hindernisse der Sägennormung

Die Sägennormung stößt wie wahrscheinlich jede Art von Normung auf zwei Arten von Schwierigkeiten, nämlich auf technische und auf psychologische. Die rein technischen Hindernisse sind zu überwinden, sobald sich in dem betreffenden Land sachkundige Ingenieure gefunden haben, welche die große Mühe der technischen und organisatorischen Kleinarbeit auf sich nehmen. Größer als die technischen Schwierigkeiten aber waren im Anfang die psychologischen. Sie stammen aus der grundsätzlichen Abneigung oder wenigstens Gleichgültigkeit, mit welcher viele Menschen den Gemeinschaftsarbeiten und allen Arten von Vereinheitlichung und Typenbeschränkung gegenüberstehen.

Eine Abneigung gegen Typenbeschränkungen sollte man noch am ehesten bei den Sägenbenutzern erwarten und verstehen. Denn für sie besteht immerhin theoretisch die Gefahr, daß bei überstürzter Normung berechtigte Verbraucherbedürfnisse außer acht gelassen werden. In Wirklichkeit aber verlaufen die Normungssitzungen ganz anders. Man kann immer wieder die überraschende Beobachtung machen, daß gerade die Vertreter der Sägenbenutzer eine Verringerung der Größen und Sorten als Erleichterung und Fortschritt begrüßen und rege dabei mithelfen. Denselben Standpunkt pflegen auch die Hersteller der Sägemaschinen einzunehmen. Manche Blatthersteller und Händler dagegen kämpfen oft erbittert um die Beibehaltung bisheriger Zwischenmaße oder Sonderformen. Andere wieder bleiben den Normungssitzungen anscheinend grundsätzlich fern.

Die Erklärung für diese überraschende Erscheinung ist in der Hauptsache wohl darin zu suchen, daß die Hersteller und Händler fürchten, einen Vorteil einzubüßen, den man als „Verkaufsargument“ zu bezeichnen pflegt. Es gibt ja viele Kunden, die man sehr vorsichtig behandeln muß: Wenn man ihnen nicht genau die Ausführung liefern kann, auf welche sie sich versteifen, dann kaufen sie diese und alles Übrige dazu beim Konkurrenten. Den Versuch, einen Kunden vom Besseren zu überzeugen, betrachtet mancher Kaufmann von vornherein als abwegig: „Der Kunde hat immer recht!“ Daß auf die meisten Sägeblatthersteller solche verkaufstechnische Gesichtspunkte mehr Eindruck machen als die durch Normung erzielbaren Ersparnisse bei der Fertigung und bei der Lagerhaltung, das mag zum großen Teil auch darin seinen Grund haben, daß nur wenige Sägenfabriksunternehmungen, auch im Ausland, von Technikern geleitet werden.

Eine Überbetonung des Verkäuferstandpunktes kommt in den Normungssitzungen sehr oft auch dann zum Durchbruch, wenn über die Vorzüge bestimmter Abmessungen oder Ausführungen verhandelt wird. Sehr viele Hersteller urteilen dann nämlich nicht nach der technischen Zweckmäßigkeit, sondern lediglich nach der Verkaufsstatistik, d. h. nach den bisherigen Gewohnheiten und Zufällen. Noch eine andere, aber eher berechtigte Besonderheit der kaufmännischen Denkweise ist den Normungsarbeiten nicht günstig, das ist die Furcht, Geschäftsgeheimnisse preiszugeben.

Ist allen Hindernissen zum Trotz endlich eine brauchbare Norm für irgendeine Sägenart zustande gekommen, so ist noch ein weiter Weg bis zu ihrer allgemeinen Einführung in die Praxis. Entscheidend für den Erfolg ist, daß möglichst bald möglichst viele Sägenbenutzer die Norm kennenlernen und sie ausprobieren. Finden sie die Norm gut, dann ist es wichtig, daß sie sie auch allen ihren Bestellungen zugrunde legen. Erst wenn sich so eine Sägennorm allgemein durchgesetzt hat, kann sie voll ihre Wirkung tun: Klären, Arbeit sparen, verbilligen und verbessern.

Das Bekanntmachen einer Norm ist auf dem Wege über die Normblätter allein nicht möglich. Unermüdliche Aufklärung in den Fachzeitschriften, in den Lehrbüchern und an den Fachschulen ist notwendig. Was die Sägewerker anbelangt, so haben wir in Österreich das Glück, daß sich seit einigen Jahren eine besonders berufene Stelle dieser dreifachen Aufklärungsarbeit mit großer Sachkunde, Ausdauer und Durchschlagskraft annimmt: die Berufsschule für Sägewerker in Kuchl und ganz besonders ihr federgewandter Fachlehrer Fenzl[10].

Ein besonders zweckmäßiges Aufklärungsmittel für Benutzer von Maschinensägeblättern sind die Betriebsblätter, die der deutsche „Ausschuß für wirtschaftliche Fertigung" (AWF) ausgearbeitet hat. Zweck dieser „Betriebsblätter" ist es, den neuesten Stand der Forschung und des betrieblichen Erfahrungsaustausches für den praktischen Betrieb auszuwerten. Dementsprechend geben die Betriebsblätter eine übersichtliche Zusammenstellung von Ratschlägen für die Benutzung und Instandhaltung einzelner Maschinen und Werkzeuge. In diese Zusammenstellungen sind die Festsetzungen der Normblätter ein-

---

[10] Einige Stunden, nachdem in der Urfassung des Vorwortes das Wort „Kuchl" stenographiert worden war, traf die Nachricht vom plötzlichen Tode Fenzls ein. Ihr lag ein Brief Fenzls bei, vom 17. 2. 1950. Es war der letzte, den er überhaupt geschrieben hat. In diesem letzten Brief spricht Fenzl namens der Österreichischen Gesellschaft für Holzforschung (Arbeitsgruppe Sägetechnik) seine freudige Zustimmung zu der Absicht des ÖNA aus, die Aufnahme der internationalen Sägennormung zu beantragen.

gebaut. Es gibt je zwei AWF-Blätter über Gatter- und Kreissägeblätter (siehe Abschnitt 9.0).

Eine ähnliche Zusammenfassung des jeweiligen Standes der Gemeinschaftsarbeit in bezug auf Handsägen, allerdings nur für Forstleute, bieten in Deutschland Aufklärungsschriften des Instituts für forstliche Arbeitswissenschaft (Iffa), in der Schweiz der Forstwirtschaftlichen Zentralstelle und in Österreich neuerdings des Österreichischen Produktivitätszentrums (ÖPZ). (Siehe in Abschnitt 9.0 unter Gläser-Stentzel, Zehnder und Lamp.)

6.65. Die internationale Sägennormung

Alle bisherigen Normen über Sägen sind nur „nationale" Normen. Das bedeutet zunächst einmal, daß an den Vereinbarungen nur die Sägenhersteller und -benutzer eines einzigen Landes beteiligt waren. Es bedeutet aber noch etwas zweites, nämlich daß die in die Normblätter aufgenommenen Ausführungen und Abmessungen nur den Bedürfnissen jeweils eines einzigen Landes entsprechen.

Diese letztere Tatsache ist ein weiteres, und in kleinen Herstellerländern vielleicht sogar das schwerste, Hindernis für die Normung. In Österreich z. B. können die auf die alte Monarchie zugeschnittenen großen Sägenfabriken vom Inlandsmarkt allein nicht bestehen. Sie müssen bis 80% ihrer Erzeugung ausführen, und zwar in etwa 30 Länder aller fünf Erdteile. Bei einer solchen Sachlage nützt ihnen das Zustandekommen nationaler österreichischer Sägennormen verhältnismäßig wenig. Denn sie müssen daneben ja doch auch die nach wie vor zersplitterten Wünsche ihrer ausländischen Kunden befriedigen. Den Ausfuhrfabriken kann nur eine internationale Normung helfen.

Internationale Normen oder Normempfehlungen für irgendein Erzeugnis kommen in der Regel auf die Art zustande, daß zuerst in einer Anzahl von Ländern nationale Normen aufgestellt werden und daß diese nachher aneinander angeglichen werden. Bei der praktischen Durchführung der Sägennormung aber zeigt es sich immer wieder, daß dieses zweistufige Verfahren hinsichtlich vieler Einzelheiten sehr unrationell, wenn nicht überhaupt undurchführbar ist. Ein Beispiel ist z. B. die Normung der Hauptabmessung der Kreissägeblätter, d. h. des Durchmessers: In der deutschen und in der österreichischen Norm sind die Durchmesser der Kreissägeblätter nach Normzahlen, d. h. geometrisch gestuft (Önorm: 250 315 400 500 630 800), in der französischen und schwedischen Norm aber arithmetisch (NF: 250 300 400 500 600 800). Für beide Stufungen lassen sich gute Gründe beibringen. Das Nebeneinander beider Stufungsverfahren aber ist unhaltbar. Es kann und muß so bald wie möglich durch internationale Vereinbarungen beseitigt werden. Vorher kann die nationale Normung der Durchmesser nicht als abgeschlossen angesehen werden. Ähnliche Erfahrungen hat man lange vorher bei der Normung der Gewinde und der Passungen gemacht.

Um endlich aus der Sackgasse der rein nationalen Sägennormung herauszukommen, brachte der Österreichische Normenausschuß (ÖNA) im Jahre 1950 bei der ISO, d. h. bei der Internationalen Normungsorganisation, den Antrag ein, die internationale Normung der Sägeblätter und Handsägen in Angriff zu nehmen.

Dieser Antrag hatte mehr Erfolg als der im Jahre 1934 bei der ISA eingebrachte gleiche Antrag (Abschnitt 6.61): Das Technische Komitee ISO/TC 29 „Werkzeuge" der ISO beschloß, die

Normung der Sägen in sein Arbeitsprogramm aufzunehmen. Das Sekretariat dieses Komitees hat Frankreich inne.

Im April 1951 verhandelte das Technische Komitee ISO/TC 29 zum erstenmal über die Normung der Sägen. Auf dieser Tagung, die in Paris stattfand, wurde beschlossen, zunächst die Fuchsschwänze zu normen. Außerdem wurde beschlossen, den Entwurf für eine mehrsprachige Terminologie der Sägen, welchen der ÖNA im Jahre 1937 für das Technische Komitee 37 „Terminologie" der ISA ausgearbeitet hatte, nunmehr weiterzubearbeiten.

Die nächste Sitzung des Technischen Komitees ISO/TC 29 findet im Oktober 1952 in Paris statt.

6.7. Die bisherigen Normen über Holzsägeblätter

Nachstehend folgt eine Liste der Kurzzeichen aller bisher veröffentlichten Normen über Holzsägeblätter, soweit sie noch in Kraft sind:

1. Werkstoff. Technische Lieferbedingungen

DIN 5134, Blatt 1 (Juni 1947)
DIN 5134, Blatt 1, Beiblatt (Juni 1947)
DIN 5134, Blatt 2 (Juni 1943): für Zug- und Bügelsägeblätter
DIN 5134, Blatt 3 (Nov. 1946): für Gattersägeblätter
DIN 5134, Blatt 4 (Nov. 1946): für Kreissägeblätter

2.232. Gärtnersteifsägen

GOST 4156—48 (1948)

2.272. Rückensägen für Holz

DIN 7243 (Sept. 1946)
DIN 7235 (Sept. 1946)

2.274. Fuchsschwänze

DIN 7244 (Sept. 1946)

2.277. Stichsägen

DIN 7258 (Sept. 1946)

2.31. Zugsägen

NF E 73-011, -012, -021, -022, -023, -024 (Juni 1938)
MOSz 689, 690 (Juni 1938)
DIN Vornorm 6492, Blatt 1 und 2 (Juni 1942): Blätter
ČSN 1363-1943 (Febr. 1943)
DIN 11609 (Nov. 1945): mit Öhren
PN/B-54215 i 54216 (Nov. 1949)
PN/B-54217 i 54218 (Nov. 1949)

2.33. Spaltsägen

NF E 73-031 (Juni 1938)

2.53. Bügelsägen

NF E 73-025, -026 (Juni 1938)
DIN 7301, Blatt 1 und 2 (Nov. 1942): Blätter
ČSN 1363-1943 (Febr. 1943)
GOST 2531-44 (1944)
DIN 11610 (Nov. 1945): mit Bügel

2.54. Rahmenspaltsägen

NF E 73-030 (Juni 1938)

2.57. Tischler-Gestellsägen

NF E 73-013, -027, -028, -029 (Juni 1938)
MOSz 691 (Juni 1938)
DIN 7245, Blatt 1 und 2 (Sept. 1942)

2.58. Schittersägeblätter

DIN 7245 (Sept. 1946)

3.6. Gattersägeblätter

DIN E 8803 (Mai 1943)
SMS 1433, 1434 (Dez. 1947)

ÖNORM M 4401 (1949)
SFS 0. I. 31 (Dez. 1949)
SFS 0. I. 32 (Dez. 1949)

4.22. Kreissägeblätter

BS 411:1931 (Jahr 1931): Befestigung auf der Welle
NF E 73-043 (Juni 1938)
DIN 8809 (Febr. 1944)
SMS 1300, 1301, 1302, 1303, 1304 (Dez. 1945)
ÖNORM M 4402 (Febr. 1948)

5. Bandsägeblätter

NF F 73-041, -042 (Juni 1938)
DIN 8806 (Febr. 1944)
ÖNORM M 4403 (März 1949).

Die vorstehenden Normen sind nach der Internationalen Dezimalklassifikation (DK) geordnet, wobei die ersten fünf Dezimalen (621.93) fortgelassen sind. Die vor den Nummern der Normblätter stehenden Sigel aus Großbuchstaben bezeichnen die Normenausschüsse oder Normen nachfolgender Länder:

BS = England
ČSN = Tschechoslowakei
DIN = Deutschland
GOST = Sowjetunion
MOSz = Ungarn
NF = Frankreich
ÖNORM = Österreich
PN = Polen
SFS = Finnland
SMS = Schweden.

In Österreich und Deutschland und sicher auch in den meisten anderen Ländern gibt es außerdem noch allerlei Normentwürfe über Holzsägeblätter, die noch nicht veröffentlicht worden sind.

7. Die Holzsägenindustrie

7.1. Die europäische Holzsägenindustrie

7.11. Firmenliste 1951

Das 8. Kapitel dieses Buches besteht aus einer Liste der europäischen Holzsägenfabriken, die dem Verfasser bekannt geworden sind. Unter „Holzsägen“ sind dabei die Sägeblätter und Handsägen für Holz zu verstehen.

In Großbritannien und in Deutschland ist die Zahl der Sägenfabriken so groß, daß eine Auswahl angezeigt schien. Da dieses Buch aber in deutscher Sprache geschrieben ist, wurde nur die Zahl der britischen Fabriken auf eine Auswahl eingeschränkt. Diejenigen Fabriken, in welchen sicher mehr als 50 Arbeiter mit der Herstellung von Holzsägeblättern beschäftigt sind, sind durch ein Sternchen gekennzeichnet. Nach Möglichkeit ist bei den einzelnen Fabriken angegeben, in welchem Jahr sie gegründet worden sind.

Die Fabriken sind in der Liste (und auch schon in diesem Kapitel) nicht nach dem Abc, sondern geographisch geordnet, und zwar nach der Internationalen Dezimalklassifikation (DK). Dank dieser Anordnung ist auch ohne Landkarte zu erkennen, daß Holzsägen bisher in verhältnismäßig wenigen Ländern hergestellt werden. Es ist ferner zu erkennen, daß sich in den Hauptländern die führenden Fabriken in einigen wenigen Zentren zusammendrängen.

7.12. Die Außenhandelsstatistik 1951

Rückschlüsse darauf, wie sich die Herstellung und der Verbrauch der Holzsägen auf die einzelnen Länder verteilt, ermöglicht auch die beigefügte Zusammenstellung der Sägenein- und -ausfuhr der Länder Österreich und Deutschland. Die Zahlen sind den amtlichen Statistiken entnommen.

Sägenausfuhr im Jahr 1951 (ohne Lohn- und Eigenveredelung)

Einfuhrland (x = schon 1935 aus Österreich beliefert)		Aus Deutschland (Bundesrepublik) Jän.—Sept.: Pos. 811 a + b Okt.—Dez.: Pos. 8202/11 + Pos. 8204/11, 19 u. a.		Aus Österreich Pos. 797/388 Laubsägen		Aus Österreich Pos. 798/388 andere Sägen, auch ungezahnte Sägeblätter	
		× 100 kg	× 1000 DM	× 100 kg	× 1000 S	× 100 kg	× 1000 S
(100)	Alle Länder	78 191	38 588	18	252	4771	13 091
(4)	**Europa**						
(41)	x Großbritannien	182	374	—	—	12	20
(415)	Irland	74	30	—	—	—	—
(43)	x Deutschland (Bundesrep.)	—	—	—	—	23	67
(43-2.47)	Saargebiet	274	192	—	—	—	—
(435.9)	Luxemburg	340	196	—	—	bei (493)	Belgien
(436)	Österreich	272	464	—	—	—	—
(437)	x Tschechoslowakei	71	94	9	177	44	577
(438)	x Polen	21	20	0	18	187	2304
(439)	x Ungarn	244	251	—	—	173	327
(44)	Frankreich	169	367	—	—	37	110
(45)	x Italien	2420	1734	—	—	157	236
(453.33)	Triest	—	—	—	—	0	1

(458.2 + 468.2)	Malta, Gibraltar	44	21	—	—	—	—
(46)	x Spanien	118	148	—	—	—	—
(469)	Portugal	568	319	—	—	118	215
(471.1)	Finnland	263	328	0	7	327	1407
(481)	Schweden	442	612	—	—	3	10
(485)	Norwegen	187	279	—	—	93	197
(489)	Dänemark	350	379	—	—	6	12
(491)	Island	10	8	—	—	25	101
(492)	Niederlande	3405	3041	—	—	3	7
(493)	Belgien	2187	1570	—	—	46	137
(494)	Schweiz	1842	1532	—	—	49	178
(495)	Griechenland	1029	446	—	—	26	40
(496)	x Türkei	4240	1754	—	—	203	340
(497.1)	x Jugoslawien	311	269	0	5	988	2189
(497.2)	x Bulgarien	—	—	—	—	—	—
(498)	Rumänien	3	16	—	—	605	1285
(5)	**Asien**						
(5)	Asien nbb	—	—	—	—	73	133
(51)	x China	827	249	—	—	—	—
(512.317)	Hongkong	7213	3067	—	—	—	—
(52)	x Japan	2	26	—	—	—	—
(53)	Arabien	22	11	—	—	2	6
(534.5)	Aden	41	3	—	—	—	—

Einfuhrland (x = schon 1935 aus Österreich beliefert)		Aus Deutschland		Aus Österreich			
				Laubsägen		andere Sägen, auch ungezahnte Sägeblätter	
		× 100 kg	× 1000 DM	× 100 kg	× 1000 S	× 100 kg	× 1000 S
(536.5)	Bahrein	3	2	—	—	—	—
(54)	Indien	5637	1271	—	—	31	29
(548.7)	Ceylon	1075	298	—	—	—	—
(549)	Pakistan	704	234	—	—	—	—
(549.6)	Portugiesisch Indien	3	2	—	—	—	—
(55)	Iran	639	275	—	—	0	2
(564.3)	Cypern	97	38	—	—	6	10
(567)	Irak	155	70	—	—	3	8
(569.1)	Syrien	176	86	—	—	13	24
(569.34)	Libanon	132	58	—	—	8	11
(569.4)	x Israel	43	28	—	—	14	64
(569.5)	Jordanien	54	25	—	—	—	—
(581)	Afghanistan	5	4	—	—	—	—
(59)	Indochina	37	14	—	—	—	—
(591)	Burma	38	14	—	—	—	—
(593)	Thailand	3894	1265	—	—	15	26
(595)	Malaya	6847	2394	—	—	—	—
(595.11)	Britisch Malakka	—	—	—	—	21	34

(6)	**Afrika**						
(611)	Tunesien	3	3	—	—	5	9
(62)	x Ägypten	440	220	—	—	119	177
(624)	Britisch-Ägypt. Sudan	27	14	—	—	12	20
(63)	Äthiopien	31	15	—	—	10	10
(64)	Marokko	11	11	—	—	6	15
(642.8)	Tanger	3	10	—	—	—	—
(647)	Spanisch Afrika	3	1	—	—	—	—
(65)	Algerien	24	14	—	—	—	—
(661)	Französisch Westafrika	6	3	—	—	—	—
(664)	Sierra Leone	18	4	—	—	—	—
(666)	Liberia	83	25	—	—	—	—
(667)	Goldküste	782	220	—	—	—	—
(668.13)	Französisch Togo	5	2	—	—	—	—
(669)	Nigeria	618	171	—	—	11	22
(669.85)	Britisch Kamerun	28	8	—	—	—	—
(671.1)	Französisch Kamerun	13	4	—	—	—	—
(672)	Französ. Äquatorialafrika	11	3	—	—	—	—
(673)	Portugiesisch Westafrika	378	150	—	—	—	—
(675)	Belgisch Kongo	1126	377	—	—	0	1
(675.57)	Ruanda Urundi	171	44	—	—	—	—
(676)	Kenya, Uganda	806	282	—	—	28	49

Einfuhrland (x = schon 1935 aus Österreich beliefert)		Aus Deutschland		Aus Österreich			
				Laubsägen		andere Sägen, auch ungezahnte Sägeblätter	
		× 100 kg	× 1000 DM	× 100 kg	× 1000 S	× 100 kg	× 1000 S
(677.1)	Französisch Somaliland	3	2	—	—	—	—
(678.1)	Sansibar	37	14	—	—	—	—
(678.2)	Tanganjika	333	114	—	—	—	—
(679)	Mozambique	64	29	—	—	—	—
(68)	Südafrikanische Union	235	180	0	1	—	—
(688)	Südwestafrika	35	22	—	—	—	—
(689.1)	Süd-Rhodesien	28	23	—	—	—	—
(689.4)	Nord-Rhodesien	42	11	—	—	—	—
(689.7)	Nyassaland	294	70	—	—	—	—
(691)	Madagaskar	16	6	—	—	—	—
(7)	**Nordamerika**						
(71)	Kanada	305	282	—	—	—	—
(72)	Mexiko	1413	596	—	—	1	5
(728.1)	Guatemala	219	103	—	—	—	—
	Britisch Guatemala	14	8	—	—	—	—

(728.2)	Britisch Honduras	2	1	—	—	—	—
(728.3)	Honduras	42	17	—	—	—	—
(728.4)	Salvador	146	54	—	—	—	—
(728.5)	Nicaragua	69	29	—	—	—	—
(728.6)	Costa Rica	64	39	—	—	—	—
(729.1)	Kuba	208	135	—	—	—	—
(729.3)	Dominik. Republik	107	41	—	—	—	—
(729.4)	Haiti	53	19	—	—	—	—
(729.5)	Porto Rico	4	5	—	—	—	—
(729.72)	Britisch Westindien	87	43	—	—	—	—
(729.73)	Niederländ. Westindien	1	1	—	—	—	—
(73)	USA	2990	2181	—	—	13	21
(8)	**Südamerika**						
(81)	Brasilien	7724	3764	9	33	1120	2330
(82)	Argentinien	707	383	0	11	74	177
(83)	Chile	1290	783	—	—	15	38
(84)	Bolivien	89	50	—	—	6	19
(85)	Peru	631	291	—	—	31	66
(86)	Kolumbien	1080	460	—	—	—	—
(862)	Panama	4	3	—	—	—	—
(866)	Ekuador	967	291	—	—	1	2
(87)	Venezuela	668	356	—	—	—	—

Einfuhrland (x = schon 1935 aus Österreich beliefert)		Aus Deutschland		Aus Österreich			
				Laubsägen		andere Sägen, auch ungezahnte Sägeblätter	
		× 100 kg	× 1000 DM	× 100 kg	× 1000 S	× 100 kg	× 1000 S
(881)	Britisch Guayana	2	2	—	—	—	—
(883)	Surinam	18	7	—	—	—	—
(892)	Paraguay	102	51	—	—	—	—
(899)	Uruguay	419	238	—	—	—	—
(9)	**Ozeanien**						
(910)	Indonesien	5205	1784	—	—	—	—
(911.1)	Britisch Borneo	122	52	—	—	—	—
(914)	Philippinen	489	203	—	—	—	—
(931)	Neuseeland	30	23	—	—	—	—
(94)	Australischer Bund	524	357	—	—	8	13
(95)	Neu-Guinea	12	6	—	—	—	—

Sägeneinfuhr im Jahr 1951 (ohne Lohnveredelung)

	Ausfuhrland	Nach Deutschland (Bundesrepublik)		Nach Österreich			
		Jän.—Sept.: Pos. 811 a + b Okt.—Dez.: Pos. 8202/11 + Pos. 8204/11, 19 u. a.		Pos. 797/388 Laubsägen		Pos. 798/388 andere Sägen, auch ungezahnte Sägeblätter	
		× 100 kg	× 1000 DM	× 100 kg	× 1000 S	× 100 kg	× 1000 S
(100)	Alle Länder	104	72	2	53	604	4944
(41)	Großbritannien	—	—	—	—	7	97
(43)	Deutschland (Bundesrep.)	—	—	2	46	329	2180
(435.9)	Luxemburg	—	—	—	—	bei (493)	Belgien
(436)	Österreich	1 (23)[10]	1 (13)[10]	—	—	—	—
(437)	Tschechoslowakei	—	—	—	—	7	61
(44)	Frankreich	—	—	—	—	0	2
(45)	Italien	—	—	—	—	6	58
(485)	Schweden	45	35	—	—	39	303
(492)	Niederlande	46	5	—	—	59	506
(493)	Belgien	11	14	—	—	5	45
(494)	Schweiz	1	16	0	7	118	1299
(73)	USA, kommerziell	0	1	—	—	31	358
	USA, ERP	—	—	—	—	3	35

[10] Die nicht eingeklammerte Zahl entspricht der deutschen Statistik, die eingeklammerte der österreichischen. Bei der Bildung der Gesamtsumme für „Alle Länder" ist nur die nicht eingeklammerte Zahl berücksichtigt.

7.13. Der Stand vor 1880

Bis etwa zum Jahre 1880 waren es insgesamt nur fünf Länder, welche fast den ganzen Bedarf der Welt an Holzsägen deckten:

(41) Großbritannien, besonders Sheffield (z. B. Kenyon seit 1710, Sanderson 1776).

(43) Deutschland, besonders Remscheid, (z. B. Peter Johannes Altena 1756, P. W. Brand 1764, Johann Heinrich Wüster 1816, Peter Friedrich Dominicus 1822).

(44) Frankreich (z. B. Peugeot 1819).

(485) Schweden (z. B. Stridsberg & Biörk 1868).

(73/79) U S A (z. B. Simonds 1832).

7.14. Die Entwicklung von 1880 bis 1918

Bald nach 1880 schloß sich den genannten fünf Großerzeugungs-Ländern ein sechstes an:

(436/439) Österreich-Ungarn.

Dabei handelte es sich überwiegend um Gründungen durch deutsche Firmen aus der Remscheider Gegend. Die Gründer konzentrierten sich auf zwei Landesteile: Niederösterreich (besonders Wüster 1887, Busatis 1888) und das nördliche Böhmen und Mähren, längs der Grenze gegen Deutschland (z. B. Altena).

7.15. Die Entwicklung von 1919 bis 1939

Als Folge des ersten Weltkrieges gingen aus Österreich-Ungarn zwei andere Sägen-Ausfuhrländer hervor:

(436) Österreich,

(437) Tschechoslowakei.

Auch die beiden anderen Nachfolgestaaten entwickelten in den darauffolgenden Jahren eine eigene Sägenindustrie:

(438) Polen,

(439) Ungarn.

Polen konnte bald den Hauptteil seines Sägenbedarfes selbst decken. Ungarn dagegen mußte noch 1939 beträchtliche Sägenmengen einführen. Als Sägenausführer treten beide Länder auch heute noch nicht merklich in Erscheinung, eher schon die Tschechoslowakei.

Auch in folgenden Nachbarländern der ehemaligen Österreichisch-Ungarischen Monarchie wurden zwischen den beiden Weltkriegen kleine Sägenfabriken gegründet:

(45) Italien,

(497.1) Jugoslawien,

(498) Rumänien.

Trotzdem waren diese Länder zusammen mit Ungarn zu Beginn des zweiten Weltkrieges immer noch die Hauptabnehmer für österreichische Sägen.

Zwischen den beiden Weltkriegen entstand eine starke Sägenindustrie in der

(47) Sowjetunion.

Auch die führende Sägenfabrik in

(493) Belgien

ist in dieser Zeit gegründet worden.

7.16. Die Entwicklung seit 1939

Während und nach dem zweiten Weltkrieg erstarkte die italienische Sägenindustrie in solchem Maße, daß heute nur mehr ein kleiner Teil des Bedarfes eingeführt zu werden braucht.

Die Sowjetunion führt immer noch keine Sägen eigener Erzeugung aus. Wohl aber hat sie noch im Jahre 1949 aus Österreich Kreis- und Gattersägeblätter im Gewicht von etwa 700 t bezogen. Ein Engpaß scheint besonders bei großen Kreissägeblättern (über 1000 mm Durchmesser) zu bestehen.

Zu den Großabnehmern österreichischer Sägen haben sich nach dem zweiten Weltkrieg auch Bulgarien und Rumänien gesellt.

In der Übersicht über die österreichische und deutsche Sägenausfuhr während des Jahres 1951 sind diejenigen Einfuhrländer besonders gekennzeichnet, in welche österreichische Sägen schon vor dem zweiten Weltkrieg geliefert wurden. Es waren nur 14 Länder. Im einzelnen sieht man aus der Zahlentafel, daß vor dem Kriege österreichische Sägen nach West- und Nordeuropa nicht abgesetzt wurden und daß auch die Lieferungen in andere Erdteile geringfügig waren. Heute werden österreichische Sägen in 50 Länder aller Erdteile ausgeführt. Mindestens 30 davon kaufen Holzsägen.

Laubsägeblätter werden in Österreich überhaupt erst seit 1948 maschinell hergestellt. Eine echte Ausfuhr von Laubsägeblättern aus Österreich tritt daher zum erstenmal in der Statistik des Jahres 1949 auf.

7.2. Die deutsche Holzsägenindustrie

7.21. Geschichte

Der Hauptteil der deutschen Sägenindustrie hat seinen Sitz im rheinisch-westfälischen Industriegebiet, und zwar in den Städten Remscheid und Cronenberg. Aufschluß über die Anfänge der deutschen Sägenindustrie, so weit sie überhaupt bekannt sind, gibt daher die zweibändige Geschichte der Remscheider und Bergischen Werkzeugindustrie von Engels und Legers (s. Abschnitt 9.72).

Nach diesem Werk (S. 24 u. 166) wurden schon vor Jahrhunderten in der Gegend von Remscheid und Cronenberg Sägen hergestellt.

In einer Urkunde aus dem Jahre 1756 sind unter 222 Kleinschmieden 20 Sägenschmiede und ein „Sägenbreiter" aus Remscheid und 3 Sägenschmiede aus Cronenberg unterschrieben. Das Verzeichnis ist aber sicher nicht vollständig, besonders in bezug auf Cronenberg. Unternehmungen aus dieser Zeit bestehen heute noch, z. B. die im Jahre 1764 gegründete Sägenfabrik P. W. Brand. Dagegen ist die größte süddeutsche Sägenfabrik, die Firma J. N. Eberle & Co., erst 1836 gegründet worden.

Im Jahre 1870 gab es nach dem genannten Werk allein in Remscheid 111 Hersteller von Sägen- und Maschinenmessern. Der monatliche Stahlverbrauch der Remscheider Sägenhersteller betrug im Jahre 1860 rund 100 t.

7.22. Kriegszeit 1939 bis 1945

Im Sommer 1939 gehörten der Fachabteilung „Sägen für Holzbearbeitung" der Fachgruppe Werkzeugindustrie rund 210 Firmen an (ohne Österreich und Tschechoslowakei).

Im April 1944 war die Zahl auf 149 gesunken. 133 von diesen 149 Betrieben hatten ihren Sitz in der Remscheider Gegend. Dort wurden etwa 85 % aller deutschen Holzsägen hergestellt, wie die nachfolgende Zahlentafel zeigt. Die Zahlen beruhen auf den Meldungen der Betriebe an den „Sonderausschuß Werkzeuge" in Remscheid. Dieser mit großen Vollmachten ausgestattete Ausschuß war in der zweiten Hälfte des Krieges eingesetzt worden.

Erzeugungsverhältnisse in der großdeutschen Holzsägenindustrie im April 1944

	Betriebe	Arbeiter	Arbeiter je Betr.	verarbeiteter Stahl		
				t/mo	%	%
Westdeutschland (das ist bes. Remscheid)	118[11]	636	5,3	606	59	85
Süddeutschland (das ist bes. Augsburg)	16	285	18	108	10	15
						100
Ostmark (= Österreich)	6	315	52	197	19	—
Sudetenland[12]	8	281	35	124	12	—
	148	1517	11	1035	100	—

[11] Nur 118 von 133 sind erfaßt; die meisten anderen waren nicht lieferfähig.

[12] Unter dieser Benennung wurden die Sägenfabriken im nördlichen Grenzgebiet der Tschechoslowakei und die Sägenfabrik in Bielitz (Polen) zusammengefaßt.

7.23. Gegenwart

Die deutschen Sägenfabriken der Gegenwart sind im Abschnitt 8 (43) zusammengestellt. Die deutsche Sägenindustrie liegt fast vollständig in der Deutschen Bundesrepublik. Die Zahl der dortigen Betriebe beträgt 220.

7.3. Die österreichische Holzsägenindustrie

7.31. Geschichte

Die Geschichte der österreichischen Sägenindustrie von ihren ersten Anfängen an ist in mustergültiger Weise von Plehn (s. Abschnitt 9.73) beschrieben worden. Danach bestand mindestens seit 1750 in Niederösterreich (Waidhofen) eine Innung der Sägenschmiede. Auch in Oberösterreich sind Sägenschmiede nachgewiesen.

Die Gründung der heutigen Sägenfabriken begann erst hundert Jahre später. Sie erstreckt sich auf den Zeitraum 1850 bis 1900. Manche Sägenerzeugung, die in dieser Zeit gegründet worden ist, ist inzwischen wieder eingestellt worden. Darunter auch die der Firma Vogel & Noot. Sie war als einzige in Österreich an ein firmeneigenes Warmwalzwerk angeschlossen.

Die heutigen Sägenfabriken sind im Abschnitt 8 (436) dieses Buches aufgezählt.

7.32. Die Standorte

In Anlehnung an die Plehnsche Arbeit ist die nachfolgende „Standortkarte der österreichischen Sägenindustrie" gezeichnet worden. Sie enthält auch die stillgelegten Erzeugungsstätten. Doch sind diese durch besondere Zeichen gekennzeichnet.

Die Standortkarte läßt erkennen, daß alle vier großen Holzsägenfabriken ihren Sitz in Niederösterreich (Busatis, Miller, Wüster & Co.) oder Wien (Lipowsky) haben.

7.33. Kapazität und Absatz

Wie groß die Anlagenkapazität der österreichischen Holzsägenindustrie ist, ließe sich nur aus Angaben der einzelnen Unternehmungen ermitteln. Auf jeden Fall ist sie wesentlich größer als der durch Lieferungen ausgenutzte Teil. Im Laufe der letzten Jahrzehnte hat nämlich den Fabriken nacheinander immer mindestens eine von drei Voraussetzungen der Vollbeschäftigung gefehlt: Vor dem Kriege der Absatz, während des Krieges die Arbeitskräfte und nach dem Kriege das Vormaterial. Gegenwärtig beginnt der Kreislauf wie-

Standortkarte d. österr. Sägenind.
nach Jng. H. J. Plehn
M = 1: 1.250.000
Sägenschmiede
Sägenfabrik (f. Holzsägen)
Desgl., ohne Härterei
Metallsägenfabrik
Warmwalzwerk, z. Sägenfabr. gehörig
Kaltwalzwerk, z. Sägenfabr. gehörig
Die Dreimärkte - Eisenstraße
Grenzen
Schwarz: in Betrieb.
Geschrafft: stillgelegt wegen Betriebsauflösung.
Weiß: stillgelegt wegen Betriebsverleg.
7.2.50
OBER - ÖSTERR.
NIEDER - ÖSTERR.
STEIERMARK
SALZBURG
KÄRNTEN
OST-TIROL
TIROL
BAYERN
BURGENLAND
ITALIEN
WIEN
Freyenschlag, Königswiesen
Weber, Krems
Miller, Traismauer
Panlechner
Meuser, St. Pölten
Lipowsky
Miller
Brüd. Wüster, Fischamend
Brüd. Wüster, Waasen
Wüster & Co, Wieselburg
Ginzler
Busatis, Purgstall
Potuschak, Kirchberg
Dochnall, Baden
Busatis
Waidhofen
Ginzler, Ybbsitz
Gaming
Urban, Weyer
Göstling
Wr. Neustadt
Eisenstadt
Brüd. Wüster, Pitten
Mürzzuschlag
Panzenbeck, Langenwang
Vogel u. Noot, Wartberg
Wüster & Co, Schwanenstadt
Freunberger, Mondsee
Aigner, Erpfendorf
Wolf, Unter-Grimming
Sußmann, Himmelberg
Linz
Wels
Ried
Steyr
Klam
Pöchlarn
Salzburg
Hallein
Kufstein
Kitzbühel
St. Johann
Lainbach
Hieflau
Eisenerz
Bruck
Leoben
Judenburg
Spittal
Lienz
Villach
Klagenfurt
DONAU
INN
TRAUN
ENNS
STEYR
SALZACH
SAALACH
YBBS
ERLAUF
PIELACH
TRAISEN
LEITHA
MÜRZ
MUR
RAAB
DRAU
GURK
NAARN

der von vorn. Die Absatzmöglichkeiten gehen langsam zurück.

Die tatsächliche Ausnutzung der Kapazität ist aus der nachfolgenden Zahlenzusammenstellung über die getätigten *Lieferungen* zu ersehen.

Die Angaben über die Jahre 1930 bis 1938 und teilweise 1949 und 1951 sind den amtlichen Außenhandelsstatistiken entnommen. In diesen Statistiken sind die Sägeblätter und Handsägen ohne Rücksicht auf die mit ihnen zu sägenden Werkstoffe zusammengefaßt. Die Trennung der Holzsägen (und der Sägen für holzähnliche Werkstoffe) von den Metallsägen (und Steinsägen) war daher nur auf Grund von Schätzungen und von privaten Auskünften möglich.

Alle Angaben über das Jahr 1944 stammen aus den vervielfältigten statistischen Berichten, in welchen der „Arbeitsausschuß Holzsägen im Sonderausschuß Werkzeuge“ die Fertigungsmeldungen der einzelnen Betriebe zusammengefaßt hat. Einige Zahlen über die erste Hälfte des Jahres 1949 und über das Jahr 1951 beruhen auf Meldungen der österreichischen Sägenfabriken an den Fachverband der Eisen- und Metallwarenindustrie.

Für 115 t/mo Sägen (österreichische Ausbringung im Jahr 1949) sind etwa 1700 t/a Stahlbleche und Bandstahl erforderlich. Das ist genau 1 % der Menge Rohedelstahl, die im Jahr 1949 in Österreich erzeugt worden ist. Der Abfall beträgt bei der Herstellung der Blechsägen etwa 30 % (Kreissägeblätter!), bei der Herstellung der Bandstahlsägen etwa 15 %.

In der Zahlentafel fällt auf, daß die *Kopfleistung* eines Arbeiters nach dem Kriege sehr stark zurückgegangen ist. Im Jahr 1944 betrug die Ausbringung 148 t/mo auf 298 Arbeiter, im Jahr 1949 aber nur mehr 115 t/mo auf 500 Arbeiter. Dieser Rückgang wird zu einem erheblichen Teile

Die Ausbringung der Holzsägenindustrie in Österreich und Deutschland (Monatswerte)

	t/mo		1000 S/mo	
	Holzsägen	Holz- und Metall-sägen[15]	Holzsägen	Holz- und Metall-sägen[15]
Ausbringung				
Österreich 1944 (6 Firmen) ..	148			
Deutsches Reich 1944 (nur ca. 150 Firmen erfaßt).....	1027			
Österreich 1949, 1. Halbjahr..	ca. 115		ca. 1940	
„ 1951	75			
Einfuhr				
Österreich 1930/37		8		
Deutsches Reich 1938		3		
Österreich 1949		2		163
„ 1951		5		416
Ausfuhr				
Österreich 1930/37[13]		16		
Deutsches Reich 1938[14]		287		
Österreich 1949, 1. Halbj., echt	ca. 20	31	ca. 340	507
„ „ „ „ , an Besatzungsmacht	60		900	
Österreich 1951, echt	ca. 28	40	720	1112
Bundesrep. Deutschland 1951[14]		652		
Inlandsbedarf				
Österreich 1949, 1. Halbjahr..	ca. 35			
„ 1951	47			

[13] Im Jahr 1935 Ausfuhr in 14 Länder, 1951 in 50 Länder.
[14] 1938 in 57 Länder, 1951 in 114 Länder.
[15] In geringem Maße auch Steinsägen.

Zahl der Arbeiter in der Holzsägenerzeugung:

Österreich ..... 1944 (Durchschnitt von 9 Monaten)		298
Deutsches Reich 1944 (mit Österreich, Tschechoslowakei und Polen)	ca.	1450
Österreich ..... 1949, 1. Halbjahr	ca.	500
„ 1951	ca.	500

durch die gesteigerten Anforderungen erklärt, die jetzt wieder an die Sägen gestellt werden. Denn in der zweiten Hälfte des Krieges durften die Sägeblätter weder geschliffen, noch poliert werden. Das Schränken und Schärfen wurde in weit höherem Maße als heute den Verbrauchern überlassen. Von einer Qualitätskontrolle war nicht mehr viel übrig. Andererseits waren für die Wehrmacht und die Organisation Todt Zugsägen und Bügelsägeblätter in so großen Serien zu liefern, wie sie sonst nur in Wunschträumen vorkommen.

Eine Betrachtung der Zahlen aus dem Jahre 1949 erweist eindeutig die bedenkliche Tatsache, daß der Inlandsbedarf nur 30 % der ausgenutzten Kapazität der ganzen österreichischen Holzsägenindustrie betrug.

Vor dem Kriege lag der Ausfuhranteil der großen österreichischen Holzsägenfabriken zwischen 30 und 70 %. Daß jetzt ein so viel größerer Ausfuhranteil zur Beschäftigung der Holzsägenindustrie erforderlich ist, erklärt sich durch die große Kapazitätsausweitung, welche der besonders in Österreich übersteigerte Auftragsstand während des Krieges hervorgerufen hat. Die österreichischen Holzsägenfabriken mußten gegen Ende des Krieges, als ein erheblicher Teil der Remscheider Sägenfabriken ausgebombt war, einen großen Teil des deutschen Sägenbedarfes mitdecken. Zur Deckung dieses außergewöhnlichen Bedarfes wurde in hohem Maße auch eine solche österreichische Sägenfabrik herangezogen, die vor dem Kriege überhaupt nur in eines oder zwei Länder exportiert hatte. Heute ist sie gezwungen, einen großen Teil der Holzsägenausfuhr für sich in Anspruch zu nehmen.

Die österreichische Holzsägenerzeugung liegt in der Größenordnung eines Prozentes der Welterzeugung.

7.34. Die Wettbewerbsfähigkeit

Wenn es in den Jahren 1945 bis 1951 den österreichischen Holzsägenfabriken gelungen ist, ihre Ausfuhr gegenüber der Vorkriegsszeit auf mehr als das Doppelte zu steigern (gemessen an den Gewichtsmengen und an der Zahl der Ausfuhrländer), so hing das in den ersten Jahren zweifellos mit dem Waren- und Stahlmangel der Nachkriegswelt, mit den günstigen Kursverhältnissen und mit der erhöhten Werbetätigkeit der österreichischen Sägenfabriken zusammen. Außerdem war Deutschland in den ersten Nachkriegsjahren durch die politischen Verhältnisse als Sägenexporteur ausgeschaltet.

Heute aber ist die Zahl der Ausfuhrländer, gegen welche Österreich seinen erhöhten Quotenanspruch durchsetzen muß, noch größer als vor dem Kriege. Trotzdem konnte die erhöhte Ausfuhr auch noch in den letzten Jahren gehalten werden. Das wäre nicht möglich gewesen ohne die großen technischen Anstrengungen, welche die führenden österreichischen Sägenfabriken seit 1938 gemacht haben, um ihre Erzeugnisse zu verbessern und die Herstellung zu verbilligen. Daß Holzsägeblätter aus österreichischem Stahl, in österreichischen Sägenfabriken hergestellt, der Qualität nach guten ausländischen Erzeugnissen gleichwertig sein können, hat soeben wieder eine Versuchsreihe von Vergleichsschnitten bestätigt, welche der Fachverband der Säge-Industrie (Sägewerke) zusammen mit dem Fachverband der Eisen- und Metallwarenindustrie Österreichs durch eine paritätische Kommission hat durchführen lassen (siehe den Bericht in Abschnitt 9.73).

Die Zahl der Holzsägenarten und der an sie zu stellenden Anforderungen ist aber so groß und mannigfaltig, daß es Vogel-Strauß-Politik wäre, wenn die österreichischen Sägenfabriken in diesem Versuchserfolge mehr sehen würden als bloß die ermunternde Feststellung, daß die noch lange erforderliche Verbesserungsarbeit nicht vergeblich sein wird.

Eine andere Frage ist es, wie weit die österreichischen Sägenfabriken auf die Dauer den internationalen Wettbewerb kostenmäßig bestehen können. In dieser Hinsicht bringt die Ausfuhr schon jetzt bedeutende Schwierigkeiten.

Sowohl die qualitative Weiterentwicklung als auch die Kostensenkung hängen entscheidend davon ab, wie sich die österreichischen Sägenfabriken künftig zu den Aufgaben der Normung (Kapitel 6) und der Spezialisierung (Abschnitt 7.4) einstellen werden.

7.4. Die Spezialisierung in der österreichischen und deutschen Holzsägenindustrie

7.41. Die Spezialisierung in Deutschland

Im Abschnitt 7.22 sind österreichische und deutsche Betriebsverhältnisse aus dem April 1944 einander zahlenmäßig gegenübergestellt.

Auf den ersten Blick fällt auf, wie verschieden die Größe und Dichte der Erzeugungsstätten für Holzsägen in Österreich und Deutschland sind: Einerseits kommen in Remscheid durchschnittlich nur 5 Arbeiter auf einen Betrieb, in Österreich aber 52 Arbeiter; andererseits aber haben 85% aller deutschen Erzeugungsstätten ihren Sitz in der Remscheider Gegend. In Remscheid wurden selbst noch im Jahre 1944, als schon viele Betriebe ausgebombt waren, fast dreimal so viel Holzsägen hergestellt wie in ganz Österreich.

Die erstgenannte Tatsache, d. h. die Kleinheit der Betriebe, zwingt diese zur Selbstbeschränkung. Die Arbeitsteilung zwischen den

Herstellern, also eine Spezialisierung, wird dadurch unvermeidbar. Die zweite Tatsache, d. h. die starke Zusammendrängung der Erzeugungsstätten, erleichtert die Arbeitsteilung sehr.

So kommt es, daß die Fachgruppe Werkzeugindustrie im Sommer 1939 unter den Mitgliedsfirmen ihrer Fachabteilung „Sägen für Holzbearbeitung“ je nach ihrer horizontalen Spezialisierung, d. h. je nach der Sägenart, neun verschiedene Gruppen unterscheiden konnte:

1. Kreis-, Gatter- und Mühlsägen,
2. Nut- und Wanknutsägen,
3. Bandsägen für Holzbearbeitung,
4. Große Sägen für Handgebrauch,
5. Kleine Sägen für Handgebrauch,
6. Bestandteile und Zubehörteile, beispielsweise: Angeln, Öhren, Beschläge usw.
7. Sägebügel und -bögen,
8. Laubsägen für Holz und Metall,
9. Steinsägen.

Viele deutsche Sägenhersteller gehören nur einer einzigen von diesen Gruppen an. Viele andere gehören zwar mehreren Gruppen an, aber doch immer nur zwei bis vier Gruppen.

Im zweiten Weltkrieg wurde von oben her eine noch weitergehende Spezialisierung erzwungen. So durfte mancher von den der Gruppe 1 angehörigen Betrieben nur noch Kreissägeblätter herstellen, andere wieder nur Gatter- und Mühlsägeblätter. Eine solche Forderung ist technisch berechtigt. Denn die Erzeugungseinrichtungen sind verschieden, und schon innerhalb der genannten beiden Sägenarten zersplittern sich die Abmessungen und Ausführungen stark.

Die räumliche Konzentration der Remscheider Sägenindustrie ermöglicht außer der horizontalen auch noch eine vertikale Spezialisierung der Herstellung. So gibt es viele Betriebe, die auf einen einzigen Arbeitsgang spezialisiert sind. Z. B. härtet die Sägen- und Maschinenmesserfabrik Carl Gommann in Remscheid-Hasten Sägeblätter für 120 dortige Sägenhersteller. Dadurch kommen in dieser Großhärterei monatlich einige hundert Tonnen Härtegut zusammen. Das ist ein Mehrfaches dessen, was alle österreichischen Sägenfabriken zusammen verarbeiten. Eine so weitgehende Spezialisierung ist offensichtlich eine ideale Grundlage für höchste technische Vervollkommnung.

Andere Remscheider Betriebe wieder sind auf das Schleifen der Sägeblätter und Messer spezialisiert. Allerdings werden bei diesem Arbeitsgang in Remscheid die Vorteile der vertikalen Spezialisierung wieder durch eine horizontale Zersplitterung auf viele Betriebe mehr oder weniger aufgehoben. Denn nach Engels und Legers (s. Abschnitt 9.72) gab es im Jahre 1899 in Remscheid nicht weniger als 168 Schleifereien, und im Jahre 1926 waren es immer noch 45.

Eine Art vertikale Spezialisierung ist in Remscheid auch bezüglich der Lagerhaltung für das Vormaterial zu beobachten. Und zwar sind dort die Sägenfabriken von der Notwendigkeit befreit, erhebliche Vorräte an Stahlblechen und Bandstahl zu unterhalten. Das erledigen für sie die Stahlwerke. Jeder Remscheider Sägenhersteller kann sich innerhalb eines Tages die von ihm benötigten Stahlqualitäten und Abmessungen vom Auslieferungslager eines Stahlwerkes beschaffen. Da die Zahl der Stahlwerke viel kleiner ist als die der Sägenfabriken, weist die Lagerhaltung durch die Stahlwerke die Vorzüge einer vertikalen Spezialisierung auf.

Eine ähnliche Art vertikaler Spezialisierung greift in Remscheid auch beim Verkauf der Sägen Platz: Die meisten kleinen Betriebe setzen ihre Erzeugnisse nicht unmittelbar an Verbraucher oder Händler ab, sondern sie liefern sie geschlossen einem Großhändler. Für die Ausfuhr bedienen sich auch größere Sägenhersteller eines zwischengeschalteten Exporteurs. Durch diese Spezialisierungsmaßnahmen sparen die Hersteller einen eigenen Verkaufsapparat. Dafür aber erzielen sie nur sehr niedrige Preise. In Österreich dagegen gibt es Werkzeug-Großhändler, die nur Händler beliefern, überhaupt nicht. Auch die Ausfuhr wickeln die österreichischen Sägenfabriken selbst ab.

7.42. Die Spezialisierung in Österreich

In Österreich ist eine Spezialisierung der Erzeugungsstätten für Holzsägen weniger leicht durchführbar als in Remscheid, weil sie weit auseinander liegen. Die Spezialisierung ist hier auch weniger notwendig, weil, wie schon gesagt, der Umfang der hiesigen Fabriken zehnmal so groß ist.

Zu einer horizontalen Spezialisierung der österreichischen Holzsägenfabriken ist es infolgedessen nie gekommen. Jede der vier großen Fabriken (Busatis, Lipowsky, Miller, Wüster & Co.) stellt alle Arten von Holzsägen her, darüber hinaus sogar noch Maschinenmesser. Eine Ausnahme bilden nur die Zylindersägeblätter und die Laubsägeblätter. Zylindersägeblätter stellt nur Lipowsky her, Laubsägen nur Wüster.

Eine vertikale Spezialisierung ist in Österreich bei der zerstreuten Lage der Sägenfabriken unmöglich. Vielmehr gibt es gerade das Gegenteil, d. h. vertikale Kombinationen mit Erzeugungsstätten für das Vormaterial: Die drei großen niederösterreichischen Holzsägenfabriken (Busatis,

Miller, Wüster & Co.) besitzen nämlich eigene Kaltwalzwerke für Bandstahl, wie die Standortkarte (Abschnitt 7.22) zeigt. Die schmalen, dünnen Sägeblätter können nur aus kaltgewalztem Bandstahl rationell hergestellt werden. Mangels eines Kaltwalzwerkes konnte die vierte große Sägenfabrik (Lipowsky) erst in den letzten beiden Jahrzehnten universelle Bedeutung gewinnen, als nämlich auch in Österreich unabhängige Kaltwalzwerke begannen, gehärteten Sägenbandstahl an fremde Betriebe zu liefern.

Ist schon die Entfernung zwischen den österreichischen Sägenfabriken beträchtlich, so ist ihre Entfernung von den Stahlwerken noch größer. Denn diese liegen in der Steiermark. Infolgedessen können die österreichischen Sägenfabriken im Gegensatz zu den rheinischen Stahllager großen Umfangs nicht entbehren. Immerhin könnten aber die Stahlvorräte einer jeden Fabrik im Falle einer Spezialisierung weit kleiner sein. Dasselbe gilt von den Lagern fertiger Sägen.

Nach dem Gesagten ist die Spezialisierung der Holzsägenfabriken in Österreich nicht so einfach und auch nicht so unvermeidbar wie in Remscheid. Trotzdem wäre sie auch hier von größtem Vorteil. Denn erst sie ermöglicht eine weitgehende Rationalisierung, d. h. einen besseren Wirkungsgrad der Erzeugung.

Die Spezialisierung wird manchmal mit dem Argument bekämpft, der beste Zwang zur Rationalisierung sei der uneingeschränkte Wettbewerb, d. h. ein Wettbewerb, der auch nicht durch Spezialisierung eingeengt ist.

Es ist richtig, daß ein scharfer Wettbewerb zur Rationalisierung zwingt. Der Zwang zur Rationalisierung bedeutet aber noch lange nicht, daß dadurch auch die erforderlichen Mittel zur Verfügung stehen. Das Gegenteil trifft vielmehr zu, wenn nicht gleichzeitig spezialisiert wird. Denn ein österreichischer Betrieb, der sich auf verschiedenartige Erzeugnisse und Erzeugungseinrichtungen zersplittern muß, kann unmöglich in absehbarer Zeit die Mittel aufbringen, um sich auf allen seinen Erzeugungsgebieten bis zum Weltniveau zu rationalisieren. Die erste Maßnahme jeder durchgreifenden Rationalisierung müßte deshalb eine Spezialisierung sein.

Das haben die nationalsozialistischen Machthaber, die während des zweiten Weltkrieges auch in Österreich alle verfügbaren Energien zum Kriegführen einsetzen wollten, sehr wohl erkannt. Deshalb haben sie von oben her eine strenge und planmäßige Spezialisierung aller Fabriken angeordnet. Zur Durchführung haben sie für jeden Industriezweig einen mit großen Vollmachten ausgestatteten „Fertigungsleiter" eingesetzt.

Wenn die Spezialisierungsmaßnahmen der Kriegszeit in Österreich zum größten Teil gescheitert sind, so lag das an der oberflächlichen, den Mißbrauch geradezu herausfordernden Methode. So kam es vor, daß als Fertigungsleiter für einen bestimmten Industriezweig nicht etwa vorhandene technische Fachleute ausgewählt wurden, die schon seit Jahren Vorarbeiten für die technische Gemeinschaftsarbeit geleistet hatten, sondern etwa der Eigentümer und kaufmännische Leiter einer Fabrik, die überhaupt erst durch die Kriegswirtschaft Bedeutung erlangt hatte.

Solche „Fertigungsleiter" ließen dann kurzer Hand allen Konkurrenzfabriken einen großen Teil ihres bisherigen Erzeugungsprogramms verbieten. Für ihren eigenen Betrieb aber, wenn er auch nicht größer war als die alteingeführten Betriebe, verschafften sie sich die Erlaubnis, das gesamte Branchenprogramm weiterzuerzeugen. Dann besichtigten sie nach Herzenslust alle Konkurrenzfabriken und die von ihnen entwickelten Sondereinrichtungen. Ihren eigenen Betrieb aber durfte keiner der Konkurrenten besichtigen, obwohl diese ja eigentlich von dem „Fertigungsleiter“ lernen sollten.

Es ist selbstverständlich, daß gegen eine solche übers Knie gebrochene, offensichtlich eigennützige Art der Spezialisierung so überzeugende Einsprüche vorgebracht werden konnten, daß damit schließlich in den betreffenden Industriezweigen die ganze Spezialisierung zu Fall kam. Das schlimmste an den stümperischen Fehlspezialisierungen der Kriegszeit aber ist, daß durch sie auch die ernsthaften Spezialisierungsbestrebungen auf längere Zeit hinaus in Mißkredit gebracht sind. So haben auch die Spezialisierungsverhandlungen, die während der letzten Jahre in verschiedenen Arbeitsausschüssen des Planungsministeriums geführt wurden, selten einen befriedigenden Verlauf genommen.

Die Vorteile der Spezialisierung sind sehr ähnlich denen der Normung (Kapitel 6). Denn beide Maßnahmen führen zu größeren Stückzahlen, d. h. zur Serienfertigung.

Auch die psychologischen Schwierigkeiten (Abschnitt 6.64) sind in beiden Fällen ähnlich. Während aber die Einwände gegen die Normung nur psychologisch bedingt sind und einer vernünftigen Betrachtung nicht standhalten, birgt die Spezialisierung außerdem eine wirkliche Gefahr für die einzelnen Unternehmungen in sich: Je kleiner das Erzeugungsprogramm eines Fabriksunternehmens ist, um so weniger krisenfest ist es.

Das hat sich in der österreichischen Holzsägenindustrie während der letzten Jahre wieder deutlich gezeigt: Unmittelbar nach der Währungsreform im Dezember 1947 sank der Inlandsabsatz der Handsägen (Spann-, Bügel- und Zugsägen), der bisher einen sehr großen Teil des Gesamtumsatzes ausgemacht hatte, schlagartig fast auf Null herunter. Dieser Zustand hat sich seither nur wenig und nur langsam gebessert. Der Absatz der Blätter für Sägemaschinen dagegen (Gatter-, Kreis- und Bandsägeblätter) hielt sich auf derselben Höhe wie vor der Währungsreform. Außerdem setzte im Laufe des Jahres 1948 eine beträchtliche Ausfuhr von Maschinensägeblättern ein. Hätte sich nun eine der Sägenfabriken im Kriege tatsächlich auf irgendwelche Handsägen spezialisiert, wie es von ihr verlangt worden war, so wäre diese Fabrik im Jahre 1948 plötzlich zum Stillstand gekommen und vielleicht zusammengebrochen.

Diese Gefahr der größeren Krisenempfindlichkeit ließe sich aber, wenn die Partner einer Spezialisierung guten Willens sind, weitgehend mildern. Ein Mittel hiefür wäre z. B. die Vereinbarung von Erzeugungsquoten und eine Art Rückversicherung gegen sprunghafte Änderungen der Absatzgebiete.

Auf jeden Fall steht eines fest: Die Spezialisierung muß möglich gemacht werden, wenn die österreichischen Klein- und Mittelbetriebe die Wettbewerbsfähigkeit gegen die Großbetriebe des Weltmarktes wenigstens halbwegs erringen sollen. In dieser Zwangslage befindet sich selbstverständlich in Österreich nicht nur die Sägenindustrie.

Manche Bemühungen der letzten Jahrzehnte, in diesem oder jenem Industriezweig eine Spezialisierung durchzusetzen, waren erfolgreich. In vielen anderen Fällen aber haben solche Bemühungen Schiffbruch erlitten. Diese traurige Beobachtung fordert zu der entscheidenden Frage heraus: Wird sich eine durchgreifende Spezialisierung auf dem Wege freiwilliger Vereinbarungen herbeiführen lassen? Oder reicht die volkswirtschaftliche und technische Einsicht einer Mehrzahl von Herstellern dazu nicht aus? Ist ihnen die vorübergehende Befriedigung ihres Unabhängigkeitstriebes wirklich wichtiger als die dauernde Erhaltung und Entfaltung ihres Lebenswerkes?

Diese Frage, die eng mit der Frage der Vollbeschäftigung zusammenhängt, wird immer mehr zu einem objektiven Prüfstein der freien Wirtschaft werden.

7.5. Die Holzsägenindustrie außerhalb von Europa

Der Verfasser hat viele ausländische Veröffentlichungen durcharbeiten lassen, um sich ein Bild darüber machen zu können, wie es mit der Holzsägenerzeugung außerhalb von Europa bestellt ist.

So entstand eine Liste von 168 Sägenfabriken, die aber sicher weit davon entfernt ist, vollständig zu sein. An der Spitze steht der amerikanische Kontinent (mit 121 Fabriken). Dann folgen Australien (29 Fabriken) und Japan (15 Fabriken).

Während sich in einzelnen Ländern (so in Kanada) sogar feststellen ließ, welche Sägenart jede einzelne Sägenfabrik herstellt, konnten in anderen Fällen nicht einmal die Metallsägenfabriken von den Holzsägenfabriken geschieden werden. Dank der leidigen Zweideutigkeit des Wortes „Säge“ (auch des englischen Wortes „saw“ und anderer Weltsynonyme) ist es darüber hinaus oft überhaupt zweifelhaft, ob eine Fabrik Sägemaschinen oder Sägewerkzeuge herstellt. Geeignete persönliche Mitarbeiter standen außerhalb von Europa bisher nur für wenige Länder zur Verfügung.

Wegen aller dieser Unsicherheiten wurde die namentliche Firmenliste (in Abschnitt 8) nicht auf die außereuropäischen Länder ausgedehnt. Das schien auch deshalb nicht so dringlich zu sein, weil fast alle außereuropäischen Sägenfabriken bisher an der sich jetzt anbahnenden technischen Zusammenarbeit europäischer Sägenfabriken nicht teilgenommen haben.

Eine Ausnahme bilden in dieser Hinsicht die drei weltbekannten führenden Sägenfabriken der Vereinigten Staaten. Angaben über sie sind am Ende des Kapitels 8 zu finden.

8. Liste der Holzsägenfabriken

Die Länder und Landesteile sind nach der Internationalen Dezimalklassifikation (DK) geordnet.

Ein Stern (*) vor einer Fabrik bedeutet, daß in dieser Fabrik sicher mindestens 50 Arbeiter mit der Herstellung von Holzsägen beschäftigt sind. Aus dem Fehlen eines Sternes kann aber nicht immer auf das Gegenteil geschlossen werden.

(4) Europa

(41) Großbritannien

(Auswahl)

Herstellervereinigung: Saw Manufacturers Association, Light Trades House, Melbourne Avenue, Sheffield, 10.

(414) Südschottland

(414.3) Lanark

Glasgow: William Cook & Sons (Glasgow), Ltd., 24 Elliot street, Cranstonhill, Glasgow, C 3.

(421) Grafschaft London

(421.1/.6) Stadt London

London: C. C. Dawe, Ltd. (Little Sheffield Works), 39 Borough road, London, S. E.

* — C. D. Monninger, Ltd., St. Anna Works, Overbury road, London N. 15.

(422) Südostengland

(422.9) Berkshire

* High Wycombe: Hodges & Pickles, Dashwood avenue. Gegr. 1925.

(423) Südwestengland

(423.8) Somerset

Coker: West of England Saw Service, Ltd. East Coker, nr. Yeovil.

(424) Westl. Mittelengland

(424.5) Shropshire u. Salop

Wellington: Lane & Whittaker, Ltd., Churchill Works, Ketley, Wellington, Shropshire.

(426) Ostengland

(426.7) Essex

Chelmsford: S. A. Mynard, Ltd., Danbury.

(427) Nordwestengland und Yorkshire

(427.2) Lancashire

Liverpool: James Cooke (Bootle), Ltd., 89 to 95 St. John's road, Bootle.
* Rochdale: Thomas Robinson & Sons, Ltd., Railway Works. Gegr. 1838.
Salford: Clement Dakin, 76A to 78 Trafford road, Salford 5.

(427.4) Yorkshire

Halifax: Clarkson Bros., Gross Hills.
— Dakin & Co. (Saws), Ltd., South street West par.
Sheffield: Charles Henry Blakeley & Sons, Ltd., 165 Napier street.
— George E. Gibbins, High Peak Saw Works, Hathersage.
— D. F. Hogan & Sons, Ltd., Clifton Works John street.
— B. & J. Wilcock, Bolton Works, Wicker lane.
Sheffield, 1: J. & Riley Carr, Bailey Lane Works. Gegründet 1810.
— Thomas Flinn & Co., 41 Bowdon street.
— E. Garlick & Son, Afric Works, Orange street.
— E. Hill, Railey street.
— George Ibboton, Ltd., Bailey street.
— Robs. Sorby & Sons, Ltd., Kangaroo Works, 139 Norfolk street. (Außerdem: 803 to 817 Shesterfield road, Sheffield, 8.)

Sheffield, 2: G. H. E. Charlesworth, Lane Works, 274 Bramall lane.
— Wm. Hy. Holmes, 85 A London road.

* Sheffield, 3: Abraham Ashton & Sons, Burnt Tree Works, Meader street. Gegr. 1848.
— Alfred Beckett & Sons, Ltd., Brocklyn Works, Green lane.
— Colver Brothers, Ltd., Pilot Works, Corporation street.
* — Crownshaw, Chapmann & Co., Ltd., Don saw Works.
* — Elsworth, Ltd., Malinda street. Gegründet 1840. (Office: 34 Corfton rd., London, W. 5.)
* — Slack, Sellars & Co., Ltd., Townhead Works Nowbray street.
— H. H. Swann & Son, Ltd., Copper street.
— Taylor Brothers (Saws), Ltd., Adelaide Works, Nowbray street.
— R. M. Walker & Son, Ltd., Falcon saw Works, Cotton Mill row.
— Francis Wood & Son, Thorpe Works, Henry street.

Sheffield, 4: Drabble & Sanderson, Ltd., Elect Works. Saville street east.
— Firth Brown Tools Ltd., Bessemer Building, Carlisle street east.
* — Spear & Jackson, Ltd., Aetna Works, Saville street east. (Außerdem: Sandy-gate road, Sheffield, 10.)

Sheffield, 6: Shos. Hancock & Sons (Saws), Ltd., Harlech Works, Club Mill road, Neepsend. Gegr. 1860.

Sheffield, 9: J. Beardshaw & Son, Ltd., Baltic steel Works. Gegr. 1819.
— William Hall (Sheffield), Ltd., Newhall road.
* — John Kenyon & Co. (Sheffield 1930), Ltd., New hall road. Gegr. 1710.
* — Sanderson Brothers & Newbould, Ltd., Attercliffe Steel Works, Newhall road. Gegründet 1776.

(429) Wales

(429.7) Glamorgan

Geo: Atkinson & Co. (Cardiff), Ltd., Little Sheffield Works, Sloper road, Cardiff.

(43-11) Deutsche Demokratische Republik

(Ostdeutschland)

(432.1) Land Sachsen

Chemnitz: Federstahl-Industrie Emil Dieterle.
Markranstädt bei Leipzig: Firma LBH, Maschinenfabrik „Standard".

(432.2) Thüringen

Gotha: Firma VVB.
Schmalkalden: Hubert Schmidt K.-G.
Suhl: Firma KWU, Rimbachstraße 41.

(43-15) Bundesrepublik Deutschland

(Westdeutschland, vollständige Liste)

Herstellervereinigung: Fachverband Werkzeugindustrie e. V., Remscheid, Elberfelder Straße 77.

(431.75) Lübeck

Pansdorf: Pansdorfer Werkzeugfabrik, Filiale der Firma Bertram & Graf, Lübeck.

(433) Bayern

* Augsburg: J. N. Eberle & Co., Augsburg-Pfersee. Gegründet 1836.
— Josef Haunstetter, Augsburg-Göggingen.
— A. Wetzer & Co.
Lauf-Pegnitz: Karl Engelhardt.
Nürnberg: Erste Nürnberger Sägenfabrik L. Kießler. Nürnberg-W.
Ochsenfurt: Fr. Ott & Co.
Regensburg: Karl Gottfried, Regensburg 2.
Regenstauf: Sägen- und Werkzeugfabrik Paul Andrien.
Straubing: Süddeutsche Messer-, Sägen- und Werkzeugfabrik Fritz Kammermeier.
Ulm: David E. Walcher.

(434.2) Rheinland

Köln: Pulger, Bonfigt & Co.
Langenberg: Bonumwerke Tigges & Winckel.
Lennep: Gebr. Busatis G. m. b. H.
Radevormwald: Paul H. Schmitz G. m. b. H., Bredderstr.
Remscheid: Joh. Wilh. Arntz.
— Bergschmied G. m. b. H.
— Remscheider Sägen- und Werkzeugfabrik Brüning & Schmidt.

Remscheid: Fritz Jul. Buchholz.
— Remscheider Bandsägenfabrik Ernst Debus
— Heinrich Debus.
— Remscheider Bandsägenfabrik Hugo Debus.
— Polar-Werke Engels & Sieper K.-G.
— Remscheider Bügelsägenfabrik M. Girulat & Co.
— C. W. Haas, Südstr. Gegr. 1854.
— Ernst Hermanns, Erdelenstr. 1
— J. C. Hessenbruch.
— Franz Kaiser, Freiheitsstr. 161.
— Gebr. Kotthaus. Blumenstr.
— August Krumm, Joh. Krumm Sohn, am Bruch 21.
— Johann Krumm, Freiheitsstr. 195.
— Wilhelm Kuhler, Ronsdorfer Str. 79.
— G. A. Lemp, Hohenhagener Str. 6.
— Hugo Lohmann, Seb.-Bach-Str. 4.
— W. Padberg & Co., Kremenholler Str. 75.
— D. Pleiß Söhne, Kippshütte 3.
— Willi Prinz, Intzestr. 54.
— F. R. Röntgen Söhne, Wellershausen 1.
— Heinr. Sahm & Söhne, Burgerstr. 26.
— Josef Sander, Haddenbrocker Str. 58.
— A. & O. Sauer, Heidmannstr. 11.
— Gebr. Söhnchen, Haddenbrocker Str. 42 a.
— H. O. Schuhmacher, Intzestr. 72.
— Alex Welp K.-G., Freiheitsstr. 72.
— Wolf & Bangert, Sieperstr.

Remscheid-Güldenwerth: Walter Platte.

Remscheid-Haddenbach: Edessö-Werk G. m. b. H., früher Ed. Engels Söhne.

Remscheid-Hasten: Carl Altena.
— Eduard Altena, Gemsbockwerk, Remscheider Zylindersägenfabrik. Gegr. 1848.
— Hermann Altena.
— Erzolitwerkzeugfabrik Rudolf Altena.
— Hugo Benninghoven.
— Carl Rudolf Berger, Holz 44.
— Berger & Plate.
— August Berghaus.
— August Blecher.
— P. W. Brand, G. m. b, H. Gegr. 1764.
— G. & H. Dörken, Hastener Str.
— Carl Eduard Dominicus.
— Hugo Dominicus.
— F. A. Drees & Sohn.
— R. Drees.

Remscheid-Hasten: J. W. Edelhoff & Co.
— Polarwerke Engels & Sieper.
— Erlenkötter & Co., Handelshof.
* — Richard Felde, Hastener Str. Gegr. 1818.
— Hermann Frantzen.
— Willy Frantzen.
— Peter Frauzen.
— Johann Garweg, Gerstau 4.
— Albert Gommann.
— Carl Gommann. Gegr. 1860.
— Grass & Schellenberg.
— Walter de Groote.
— Gustav Heidmann.
* — Herbertz & Schmidt. Gegr. 1798.
— Alexander Herbertz.
— Bernhard Herbertz.
— Walter Hilger.
— Richard vom Hoff.
— Walter vom Hoff.
— C. Aug. Hüchelbach.
— Friedr. Caspar Hüchelbach Söhne. Gegr. 1830.
— Joh. Peter Ibach.
— August Kaiser.
— Heinrich Kipphen & Co.
— Abraham Klein.
— Adolf Klein, Unterhölterfelder Str.
— Peter Kleuter, Aue.
— Adolf Koch und Sohn, Hohenbirker Str. 35.
— Carl Gustav Koch.
— J. G. Koch. Gegr. 1866.
— Koll & Cie., G. m. b. H. Gegr. 1868.
— David Kornbusch, Inh. Artur Kornbusch.
— Ewald Kottmann.
— Werner Aug. Kürschner.
— A. & W. Michel.
— Müller-Heidfeld.
— Alex Müller, Büchelstr. 38b.
— Carl Rich. Müller, Gerstau.
— C. E. Müller Sohn.
— Eberhard Müller, Oberhützer Str. 4.
— J. Müller & Comp., Postfach 46.
— H. F. Neumeyer.
— Ewald Nusch.
— Wilhelm Peiseler.

Remscheid-Hasten: Gebr. Picard.
— Eugen Putsch.
— Peter Putsch.
— Wilh. Putsch.
— Carl Röntgen, Bandsägenfabrik.
— Hermann Röntgen, Hammesberger Str. 17—25. Gegr. 1848.
— Schmidt & Schröder.
— Rich. Schmidt Söhne & Co.
— Ernst Schweflinghaus.
— Gottl. Schuhmacher.
— August Sieper.
— Hugo Sonje.
— Steinbach & Goller.
— Ernst von den Steinen & Co.
— Clemens Tschoepe.
— F. Hermann Wagner.
— Emil Wickert.
— Ewald Winterhoff & Co.
— Gustav Wurm.
Remscheid-Lüttringhausen: Wilh. Oberdick.
Remscheid-Rath: Gebr. Mücher.
— Franz Polhaus.
— Ernst Siebert & Co.
Remscheid-Reinshagen: Brinkmann & Hoppe.
— Artur Faust.
Remscheid-Vieringhausen: Albert Ackermann J. P. Sohn.
— J. P. Ackermann. Gegr. 1843.
— Julius Brinkmann.
* — David Dominicus & Co., G. m. b. H. Gegr. 1926.
* — Iddus-Werk J. D. Dominicus & Söhne, G. m. b. H., Fürberg 16. Gegr. 1822 von Peter Friedrich Dominicus. Prot. 1888.
— C. Feldmann.
— Ernst Frantzen.
— G. Arthur Frantzen.
— E. Gommann & Co.
— Ernst vom Hoff.
— Aug. Hermann Hollmann. Gegr. 1877.
— Richard Jansen.
— Kerth & Picard.
— Joh. Friedr. Ohler, Parkstr.
— Pickert & Ulrich.
— Karl Pletsch.

Remsch.-Vieringshausen: Robert Quabeck.
— Paul Riethmüller.
— F. A. Schmidt. Gegr. 1845.
— Karl Schweingruber, Gegr. 1880.
— Erich Zehles.

Solingen-Ohligs: Max Dannert.

Wülfrath: Gustav Rosenthal, Schulstraße 2.

Wuppertal-Cronenberg: Bergische Holzwaren- und Werkzeugfabrik Heinrich Arnold.
— Belzer-Werk R. Belzer.
— Paul Berger.
— Walter Biertz & Co.
— Brüder Braun.
— Robert Christians.
— J. A. Dörken.
— Robert Freund jr.
— David Hardenbruch.
— Harkort & Lohmann.
— Hermann Herbertz.
— Friedrich Hold.
— Hoppe & Tesche, Rottsiepen 24.
— Hermann Itter.
— Joh. Peter Jöker. Gegr. 1853.
— Gebr. Kappenstein.
— Koch & Pohlmann.
— Paul Küpper.
— Eduard Meister jr.
— Cronenberger Bügelsägenfabrik Gustav Müller.
— Ewald Schmahl.
— Winand Schoenen, Hauptstr. 126.
— Gebr. Tesche.

Wuppertal-Elberfeld: Essmann & Schäfer, Schusterstraße 41.

Wuppertal-Hahnerberg: Hugo Birgden.
— Richard Christmann.
— E. Gottgetreu.

Wuppertal-Kohlfurter Brücke: Gebr. Ohliger, Unter-Kohlfurt.

Wuppertal-Küllenhan: Oscar Pandel.

Wuppertal-Langerfeld: Trierer Walzwerk A. G.

Wuppertal-Nächstebreck: Carl Gotthardt.

Wuppertal-Ronsdorf: Peter Bausch, Blombacher Str. 21.
— Wilh. Oberdick.
— Platte & Hilbertz.

Wuppertal-Ronsdorf: Plattina-Werk Ed. Platte Söhne.
— Eugen Wolferts.
Wuppertal-Sudberg: Aug. Arndt.
— Carl Baier. Gegr. 1835.
— Vereinigte Sägen- und Werkzeugfabrik Gustav & Max Harkort.
— Joh. Gustav Heinen & Co.
— Hugo Hösterey.
— Otto Jöker & Co. Nachf.
— H. & W. Müller.
— C. W. Schmahl & Co.
— F. A. Schmahl jr.
— Frz. Aug. Schmidt.
— Gustav Stuhlmann und Sohn.
— Karl Aug. Tesche.
— Carl Willmünder.

(434.6) Baden

Bretten: Entemann & Co.
Hockenheim: Gebr. Neuschäfer.
Kandern: Doma-Bandsägenindustrie Inh. Ludwig Meyer.
Lörrach: Hans Kaltenbach.

(434.7) Württemberg

Aldingen (Kreis Tuttlingen): Gebr. Flaig.
Ebersbach a. d. Fils (bei Göppingen): Rudolf Alber. Gegr. 1912.
Laupheim: Esslinger & Abt.
Mühlacker: Karl Ganzenmüller.
— Friedr. Schuler.
* Neresheim (Kreis Aalen): Zweigbetrieb der Firma Wilhelm Grupp o. H. G., Oberkochen (Kreis Aalen). Gegr. 1890, Sägenfabrik seit 1945.
Oberndorf-Aistaig: Mafell, Maschinenfabrik.
Schramberg: Hugo Kern K.-G.
— Schramberger Uhrfedernfabrik G. m. b. H.
Wasseralfingen (bei Aalen): Wasseralfinger Sägen- und Werkzeugfabrik G. m. b. H.

(435.6) Nordrhein-Westfalen

Hagen: Ludwig Köhler.
— Willy Rothstein.
— Vereinigte Sägen- und Werkzeugfabrik vorm. Jul. v. Scheidt & H. Hoffmann & Co., Franzstr. 68.
Schwelm: Schwelmer Sägenfabrik Gebr. Werth.

(436) Österreich

Herstellervereinigung: Vereinigung österreichischer Sägen- und Maschinenmesserfabriken, Wien III, Engelsberggasse 4.

(436.1) Niederösterreich

Krems: Johann Webers Sohn. Gegr. 1850.
* Purgstall: Gebr. Busatis Ges. m. b. H. Gegr. 1888.
Traismauer: Martin Miller A. G. Gegr. 1782. Sägenfabrik seit etwa 1860.
* Wieselburg: Wüster & Co. Gegr. 1806 in Cronenberg bei Remscheid, 1887 in Wieselburg.
Ybbsitz: Peter Ginzler. Gegr. 1896.

(436.14) Wien

* Wien: Franz Lipowsky, Wien X, Quellenstraße 55. Gegr. 1865.

(436.2) Oberösterreich

Mondsee: Georg Freunberger, vorm. Rob. Wolff, Teufelsmühle bei Mondsee. Gegr. 1909.
Weyer: Eduard Urban, Gaflenz-Lindau bei Weyer. Gegr. 1895.

(436.6) Kärnten

Himmelberg: Martin Sußmanns Zeugschmiede und Sägenerzeugung. Inhaber: Rudolf Veit.

(437) Tschechoslowakei

Bis zum Jahre 1944 gab es folgende Firmen, die Holzsägenfabriken betrieben:

(437.15) Böhmen, Gegend von Böhmisch-Leipa (Č. Lípa)

N. Město pod Smrken (= Neustadt a. d. Tafelfichte; bei Reichenberg): Anton Pfeiffer. Prot. 1880.

(437.17) Böhmen. Gegend von Karlsbad (Karlovy Vary)

Perštejn (= Pürstein): Gebr. Altena.
— Hermann Pickart.
Klášterec n. Ohři (= Klösterle a. d. Eger): Anton Panhans.

(437.2) Mähren

* Hulín (= Hullein; bei Kremsier): Studenik & Co. Firmenname seit 1945: Pilana.

(437.3) Schlesien

Frývaldov (= Freiwaldau): Anton Legler. Gegr. um 1860.
— SUWE, Sägen- und Werkzeugfabrik Adelsdorf bei Freiwaldau. Gegr. 1887 von Gustav Legler.
Jablunkov (= Jablunkau; bei Teschen): Gustav Legler. Gegr. 1903.

Alle diese tschechoslowakischen Holzsägenfabriken, mit Ausnahme von Studenik & Co., hatten also ihre Sitze längs der deutschen Grenze von 1937. Wohl die meisten waren von Deutschen gegründet.

Die Holzsägenfabriken der Grenzgebiete waren während des zweiten Weltkrieges mit der Sägenfabrik in Bielitz unter dem Namen „sudetendeutsche" Sägenfabriken zusammengefaßt. Vorher gehörte Bielitz zu Polen — siehe Abschnitt (438.31) —, ebenso wie auch heute wieder. Die acht sudetendeutschen Sägenfabriken beschäftigten im April 1944 gemäß ihren Berichten an den Sonderausschuß Werkzeuge 281 Arbeiter. Verarbeitet wurden 124 t/mo. Das waren 12 % der Menge, die in demselben Monat in allen großdeutschen Sägenfabriken zusammen verarbeitet wurde.

Heute sind alle tschechoslowakischen Sägenfabriken verstaatlicht und unter der Führung der Pilana — siehe oben unter (437.2) Mähren — zusammengefaßt. Manche von den deutschsprachigen Fachleuten sind zu deutschen Sägenfabriken abgewandert, ja sie haben in Deutschland neue Sägenfertigungen aufgebaut. So ist Wallfried Legler, der Sohn von Gustav Legler — siehe (437.3) — heute Betriebsleiter der im Jahre 1945 eingerichteten, durch bahnbrechende Entwicklungsarbeiten schnell bekanntgewordenen Holzsägenfabrik von Wilhelm Grupp in Neresheim. Abschnitt (434.7).

(438) Polen

Bis zum Jahre 1944 gab es folgende Firmen, die Holzsägenfabriken betrieben:

(438.1) Mittelpolen

(438.13) Gegend von Kielce

* Katovice (= Kattowitz): Huty Pokój (= Friedenshütte), ul. Zankowa 3.

(438.2) Westpolen

Neue Gebiete

Guben: Louis Klaus.

(438.3) Südpolen

(438.31) Gegend von Krakau

* Bielsko (= Bielitz): Sägenfabrik G. m. b. H. (so 1944), früher (z. B. 1928) Polsko-Śląska Fabryka pił i narzedzi, Wapienica koło Bielska. Gegr. 1921.

Heute sind alle polnischen Sägenfabriken verstaatlicht.

(439) Ungarn

Bis zum Jahre 1944 gab es folgende Firmen, die Holzsägenfabriken betrieben:

(439.111) Vas (= Eisenburg)

Szent-Gotthárd (= St. Gotthard): Szentgotthárdi Kasza- és Kovácsnüvek (= St. Gotthardег Sensen- und Schmiedewerke), vorm. Freiherr v. Wieser. Gegr. 1902.

(439.151) Gebiet von Budapest

Budapest: Wüster és társa k. f. t., Üllöi ut 42, Budapest VIII.

Szentendre: Fürészlap és szerszámgyár Elszasz Rezsö utóda (= Sägeblätter- und Werkzeugfabrik Rudolf Elszasz Nachfolger), Déak Ferenc u. 32.

Heute gibt es keine private Sägenindustrie in Ungarn mehr. Die Erzeugung von Wüster és társa ist eingestellt. Die Sägenfabrik in St. Gotthard arbeitet unter demselben Namen weiter.

(44) Frankreich

Herstellervereinigung: Syndicat National de l'Outillage á Main (SNOM), 16, Av. Hoche, Paris (8e).

(441/442.5) Westfrankreich

(442.4) Normandie, Departement Eure

Vernon: Pinchon, 7, rue Alsace-Lorraine.

(442.5) Normandie, Dep. Seine-Inférieure (Gegend von Rouen)

Ansennes par Blangy-sur-Bresle: Marriet & Merckel.

(443/444) Ostfrankreich

(443.4) Ile de France, Dep. Aisne (Gegend von St. Quentin)

Fère-en-Tardenois: Scies Monopol, 2—4, rue de Seringes.

(443.61) Ile de France, Dep. Seine (Gegend von Paris)

Bagnolet: S. O. B., 41, av. Gambetta.
Le Pré Saint-Gervais: Mongin Frères, 3 et 5, rue Simonot.
Les Lilas: Porret, 8, Passage Ponsard.
Levallois-Perret: Sandvik, Société Anonyme des Aciers, 23, rue Jules-Guesde.
Vincennes: Chat & Sady, 11, rue Massue.
— Moat, 26, Ave. Pierre Brossolette.

(443.611) Paris

Paris (3e): Paul Hory, 121, rue Vieille-du-Temple.
Paris (8e): Couleaux & Cie., 79, rue de Monceau. — Fabrik siehe (443.831) Bas-Rhin.
Paris (10e): Bruckner, 133, Quai de Valmy.
— E. Dussieux, 4, Passage Violet.
Paris (11e): Établissements Jenny Frères & Cie., 116, 118, bd. Richard Lenoir.
— Markt & Co., 107, av. Parmentier.
— Manufacture Parisienne de Scies, 71, rue de la Roquette.
— Anciens Établissement de Premonvile, 46, rue du Chemin Vert.
* Paris (12e): Paul Hug, 35, rue de Lyon (Zentrale und Fabrik). — Fabrik siehe auch (445.3) Blois.
Paris (13e): La Scie Modèle, 6, rue Chéreau.
— Panhard-Levassor, 19, av. d'Ivry.
Paris (16e): Peugeot Frères, 19, av. du Général Mangin
— (Zentrale). — Fabriken siehe (444.6) Doubs. Gegr. 1819.

(443.62) Ile de France, Dep. Seine-et-Oise (Gegend von Versailles)

Pontoise: Ch. et L. Fischer, 4 et 6, bd. Jacques-Tète.

(443.823) Lorraine (= Lothringen), Dep. Moselle (Gegend von Metz)

Abeschwiller: Messang & Mena, Manufacture de Scies à Métaux.

(443.831) Alsace (= Elsaß), Dep. Bas-Rhin (Gegend von Straßburg)

Marlenheim: E. et Ch. Claude (früher E. & K. Kloth).
* Mutzig: Couleaux & Cie. — Zentrale siehe (443.611) Paris (8e).
* Zornhoff près Saverne (= Zabern): Anciens Établissements Goldenberg & Cie., S. A.

(444.2) Bourgogne, Dep. Côte d'or

Velars-sur-Ouche: Consortium Industriel de Bourgogne. — Auch: Boite postale n° 17, Dijon.

(444.4) Bourgogne. Dep. Ain

Bourg en Presse: Parrot-Poncet, 11, rue Charles-Robin.

(444.6) Bourgogne, Dep. Doubs

Audincourt: Jenny.
Besançon: Blum & Cie., Sous-Beauregard.
* Pont-de-Roide: Peugeot Frères (Sägenfabrik). — Zentrale siehe (443.611) Paris (16e).
* Valentigney: Peugeot Frères (Sägenfabrik). — Zentrale siehe (443.611) Paris (16e).
Vermondans: Chatelot.
— Ed. Claude.
— Établissements André Clausse.
— Veuve Edmond Clausse.

(445/446) Mittelfrankreich

(445.3) Orléanais, Dep. Loir-et-Cher

* Blois: Paul Hug (Fabrik). — Zentrale siehe (443.611) Paris (12e).

(445.91) Auvergne, Dep. Puy-de-Dôme

Thiers: M. Pigeat & Fils, 34, rue du Docteur-Auguste-Dumas.

(448/449) Süd- und Südostfrankreich

(449.4) Alpes-Maritimes

Nice (= Nizza): Établissements Albatros, 32, rue Lepante.
— Frédéric Claude, 1, rue Assalit.

(449.8) Dauphiné, Dep. Drôme

Valence: Prosper Brunes et ses Fils, rue Littré.

(449.91) Dauphiné, Dep. Isère

Fontaine: Vallier & Boillot.
Fures: Brune Frères.
Seyssinet près Grenoble: Sistre Frères.

(449.94) Savoie (= Savoyen), Dep. Haute-Savoie

Annecy: Brun, 3, av. de Chevesnes.

(449.97) Lyonnais, Dep. Rhône

Lyon: Anciens Établissements A. Bazin & Cie. — A. Drache & Cie., Successeurs, 42, rue de l'Université.

(45) Italien

(451.11) Provinz Turin

Aosta: I. L. A. (Industria Lavorazione Acciaio), via San Martino, 1.

Torino (= Turin): Mario Ferretti, via Belfiore, 16.

— I. S. A. P., via Bologna, 125.

— Giuseppe Pagani, via Saluzzo, 97.

— Industria Nazionale Seghe Acciaio, Fraz. Margherita.

(452.1) Prov. Mailand

Milano (= Mailand): Bazzi Giuseppe, via Adige, 15.

— Italo Bonino, via L. Canonica, 61.

— C. I. S. A., Vittorio Capietti, via Statuto, 25. Gegr. 1929.

— F.lli Cornali, via Pisacane, 32.

— Tito Falcetti. via Lanzone, 24.

— C. Pagani, via Borromei, 41.

— S. A. L. C. A., via Jacopo della Quercia, 7.

— SANDA Italseghe, via 5 Maggio, 21. Gründung der Sägenfabrik in Sandviken, siehe (488.1).

(452.2) Prov. Como

Lecco: Luigi Piatti fu Giuseppe, via Bainsizza, 3.

(452.8) Prov. Pavia

Cropello Cairoli: Ernesto Cattaneo & C.

(46) Spanien

(461.15) Provinz Pontevedra

Vigo-Lavadores: Vargas y Asenjo, S. R. C., José Antonio, 222.

(461.2) Prov. Oviedo

Gijon: Suministros Industriales Correal, Langreo, 18.

(464.1) Prov. Madrid

Madrid: La Metalúrgica Hispano-Americana, S. L., Berruguete, 38.

— Industrias Meva, Castello, 89.

(465.21) Prov. Saragossa

Saragossa (= Zaragoza): Alberto Aladrán, San Miguel, 16.

— Sobrino de Julián Gracia, Armas, 66.

— Enrique V. de Vera, Avda. Madrid, 41.

(466.1) Prov. Vizcaya

Basauri: Alvarez Vasquez, S. A.
Bilbao: Sucesor de Aceros y Sierras, S. L.
— Corcuera y Carranza, S. A. General Concha, 18.
— Industrias Meba, Ledesma, 19.
— La Industrial de Sierras y Comercial de Suministros, Ercilla. 9.
Galdácano: Sierras Bilbaínas, Mercadillo.

(466.2) Prov. Guipúzcos

Hernani: Pablo Schroeder, Barrio de Anciola, 18.
Pasajes Ancho: Max Zielinski, Avda. de Navarra, 18.
San Sebastian: Vda. de Aguirreurreta, Avda. Generalísimo, 4.
— Establecimientos E. Bruckner, Salud, 20.

(466.3) Prov. Alava.

Vitoria: Armentia y Corres, Magdalena.
— Manufacturas ACE, S. A., Beato Tomás de Zumárraga, 2.
— Sierras Alavesas, Carretera de Arana, 5.

(467.11) Prov. Barcelona

Barcelona: Vda. de J. Boira, Castillejos, 226.
— Manufactura Catalana de Sierras, Brusi, 4.
— Pascual Chiva, Carretera de la Bordeta, 58.
— Pedro Jean Miret, Passaje Mulet, 9 (S. G.)
— José Ma. Quintana, Libertad, 32.
— José Ramírez, Dalmau, 12.
— Industrias Modernas T. Sanantón, Vda. de Icaria, 94.
— Industrias Siemer, Juan Canals, Fernando Poo, 25.
— Comercial de Utiles y Maquinaria, S. A., Pelayo. 11.
Sabadell: Vda. de Menna Claramunt, Fray Luis de Leon, 85.

(467.3) Prov. Valencia

Valencia: Talleres Metalúrgicos de Levante, Noguera, 6.

(47) Sowjetunion

In der Sowjetunion besteht eine große Sägenindustrie. Einzelheiten sind dem Verfasser nicht bekannt.

(471.1) Finnland

Herstellervereinigung· Suomen Teräyhdistys (= Finnische Sägeblättervereinigung), Moisionk, 27 — 29, Tampere.

(471.11) Uusimaa (= Nyland)

Helsinki (= Helsingfors): Oy. Suomen Sandvik Sahat (= A. G. Finnische Sandviken-Sägen), E. Esplanaadink, 12 (Zentrale).
Kaulathi bei Helsinki: Oy Suomen Sahat (Fabrik).
Kausala: Kausalan Terä Oy. (= Kausalaer Klinge A. G.

(471.14) Häme (= Tavastland)

Epilä bei Tampere (letzteres = Tammerfors). Osakeyhtiö Sahanterä (= A. G. Sägeblatt).
— — — Kone ja Terä Oy. (= Maschine und Klinge A. G.
Tampere: Suomen Sahanterätehdas Osakeyhtiö — Finska Sågbladsfabriks Aktiebolaget (= Finnische Sägeblatt-Fabrik A. G.).

(485/488) Schweden

(486) Götaland (Südschweden)

(486.2) Västergötland

Lidköping: Alfr. Jonssons Fabriks A/B.
— A/B Kronsågar.
* — A/B Lidköpings Viking sågar. Gehört seit 1922 der Sägenfabrik in Sandviken, siehe (488.1).
* Trolhättan: A/B Stridsberg & Biörk. Gegr. 1868.

(486.4) Småland

Nässjö: Nässjö Sågbladsfabrik Bröderna Friberg.
— A/B Sigfr. Stenberg & Co.

(487) Svealand (Mittelschweden)

(487.3) Södermanland

Ekilstuna: Nya A/B Liljeqvists Sågblads- u. Redskapsfabrik.
— Bröderna Wibell.
Torshälla: Ivar Linds Eftr. Sågbladsfabrik.
— Torshälla Sågbladsfabrik.

(487.4) Västmanland

* Fagersta: Fagersta Bruks Aktiebolag.

(487.6) Värmland

Nora Stad: A/B Sågbladsfabriken i Nora.
Uddeholm: Uddeholms Aktiebolag.

(487.7) Dalarne (= Dalekarlien)

Orsa: A/B Orsa Sågbladsfabrik.

(488) Norrland (Nordschweden)

(488.1) Gästrikland

Edsbyn (bei Bollnäs): Edsbyns Industrieaktiebolag (EIA).
* Sandviken: Sandvikens Jernverks Aktiebolag. Gegründet 1862, Sägenfabrik seit 1885.

(488.2) Hälsingland

Iggesund (bei Hudiksvall): A/B Iggesunds Bruk.

(489) Dänemark

(489.1) Seeland

(489.11) Kopenhagen

København (= Kopenhagen): Hans Schrøder, København K., Nørre Farimagsgade 65—67.

(489.4) Nordjütland

(489.43) Aalborg

Aalborg: Lars Jørgensen.

(492) Niederlande

(492.744) Twenthe

Enschede: Enze, Jacobstraat 18.

(493) Belgien

(493.2) Brabant

Brüssel: Taecke Fils & Cie., S. A., 93, Rue Champ de l'Église, Brüssel II. Firma gegr. 1944, Fabrik gegr. 1931.
— J. Weiden, 67—69, Rue J. B. Decook, Molenbeek-Bruxelles.

(494) Schweiz

(494.22) Aargau

Seengen: Ad. Leimgruber & Co.
Wettingen: Reinhard Ulmer.

(494.23) Kanton Basel

Basel: Süffert-Bürner A. G., Aeschgraben 5.
Sissach: Eisen- und Stahlwarenfabrik.

(494.24) Kanton Bern

Orpund-Biel: W. Kuhn et fils.
Ruti bei Büren: Hans Müller, vorm. A. Müllers Söhne.

(494.28) Kanton St. Gallen

Au-Wädenswil: Hausmann & Co.
Degersheim: Gebr. A. & U. Angehrn.
Wil: SUMAG Sägen- und Maschinenmesserfabriks-A. G., Inh. H. Briner.

(494.31) Thurgau

Ermatingen: Gebr. Wettstein.
Fruthwilen: August Herzog.

(494.34) Kanton Zürich

Bülach: Lennartz & Co.
Horgen: Ernst Schäppi & Co.
Turbenthal: Hans Bühler. Firma gegr. 1943, Fabrik gegr. um 1920 (unter Firma „E. Bühler").
Zürich: Hall & Meusch, Zürich 10.

(494.45) Vaud (= Waadt)

Sainte-Croix: L. — E. Beck. Gegr. 1870.
Vallorbe: Usines Métallurgiques de Vallorbe.

(495) Griechenland

(495.11) Attika

Athen: Th. & Emm. Kremezis, Chrisostomoy Smyrnis 16, Nea Shafgia.

(497.1) Jugoslawien

Bis zum Jahre 1944 gab es folgende Firma, die eine Holzsägenfabrik betrieb:

(497.13) Kroatien

Karlovac (= Karlstadt): „Kordun", Industrieja Zeljezne i Celične Robe, Karlovac-Danija. Verkaufsbüro in Zagreb (= Agram).

Die Fabrik ist heute verstaatlicht.

(498) Rumänien

Etwa bis zum Jahre 1948 gab es folgende Firma, welche sich mit der Herstellung von Holzsägen befaßte:

(498.45) Gegend von Kronstadt

Brazov (= Kronstadt): Prifarov, Soc. An., Str. General Traian Mosciu 70.

Die Fabrik ist heute verstaatlicht.

(5/9) Asien und Übersee

Anzahl der Fabriken von Sägeblättern, die außerhalb von Europa festgestellt werden konnten (s. Abschnitt 7.11):

(52)	Japan	15
(6)	Afrika	3
(71)	Kanada	20
(73/79)	USA	67
(8)	Südamerika	34
(9)	Australien	29
		168

(73/79) USA

Die drei größten Sägenfabriken sind:

(74) Nordstaaten

(744) Massachusetts

* Fitchburg: Simonds Saw and Steel Co. Gegr. 1832.

(748) Pennsylvania

* Philadelphia: Henry Disston & Sons, Inc. Gegr. 1840.

(77) Nördliche Binnenstaaten oder Seengebiet

(772) Indiana

* Indianapolis: E. C. Atkins and Company, 402 South Illinois street, Indianapolis 9. Gegr. 1857.

9. Schrifttum über Holzsägeblätter

Das nachfolgende Verzeichnis enthält nur eine kleine Auswahl aus denjenigen Veröffentlichungen, in welchen nähere Angaben zum Gegenstand enthalten sind. Eine vollständigere Bibliographie ist in Abschnitt 9.9 erwähnt.

Der Aufbau der Titelangaben entspricht dem Normentwurf 5-47 des Technischen Komitees 46 „Moyens techniques de Documentation“ der Internationalen Normungsorganisation ISO. Die Abkürzung der Zeitschriftentitel entspricht dem Normblatt DIN 1502 „Zeitschriftenkurztitel“.

Der fette Punkt • vor dem Namen des Verfassers bedeutet dementsprechend: selbständige Veröffentlichung, z. B. Buch.

9.0. Schrifttum zu mehreren Abschnitten

— — Werksbesichtigungen in Wieselburg und Purgstall: Der Werksbetrieb der Firma Wüster & Co. in Wieselburg. Das Werk Gebrüder Busatis Ges. m. b. H. in Purgstall. Eisen, Metall, Küchengerät (Wien) 38 (1952), Nr. 1170 (Juni), S. 3 bis 8.

• AWF. Betriebsblatt AWF 58. Gattersägenblätter. Behandlung im Schärfraum. Dritte, erweiterte Auflage. Berlin: Beuth-Vertrieb. April 1940. 5 S. A 5 (Neue Auflage in Vorbereitung; neuer Titel: „Gattersägeblätter . . .“)

• AWF. Betriebsblatt AWF 59. Gattersägenblätter. Behandlung in der Sägehalle. 1. Aufl. Berlin: Beuth-Verlag. Februar 1932. 5 S. A 5. (Neue Auflage in Vorbereitung.)

• AWF. Betriebsblatt AWF 51. Kreissägen für Holz-Längsschnitt. 7. Aufl. Berlin und Köln: Beuth-Vertrieb. 1952. 20 S. A 5.

• AWF. Betriebsblatt AWF 54. Kreissägen für Holz-Querschnitt. 2. Aufl. Berlin: Beuth-Vertrieb. April 1940. 4 S. A 5.

• Cole, C. B. Tool Making. Chicago, American Technical Society, 1939.

• Deševoj, Prof. M. A. Mehaničeskaja Tehnologija Dereva. Častj I. Prijomy mehaničeskoj obrabotki dereva. (Mechanische Technologie des Holzes. Teil I. Verfahren der mechanischen Holzbearbeitung.) Leningrad: Kubuč. 1934. 511 S. A 5.

• Dominicus, Max. Handbuch über Sägen. Wuppertal-Barmen: Imo-Großdruckerei [1941.] 229 S. A 5.

• Durham, Harry W., M. I. M. E. Saws: Their Care and Treatment. London: William Rider & Son, Ltd. 1921. 272 S. B 6.

• Exner, W. F. (Professor an der Hochschule für Bodenkultur in Wien). Werkzeuge und Maschinen zur Holz-Bearbeitung, deren Construktion, Behandlung und Leistungsfähigkeit. In drei reich illustrierten Bänden. Erster Band: Handsägen und Sägemaschinen. Descriptiver Teil. Weimar: Bernhard Friedrich Voigt. 1878. XXIII + 549 S. A 5.

• Feldhaus, Ing. Franz W. Die Säge. Ein Rückblick auf vier Jahrtausende. Berlin: J. D. Dominicus & Sohn G. m. b. H. 1921. 72 S. C 5.

• Fischer, H. (Professor an der Königl. Polytechn. Schule zu Hannover). Die Holzsäge. Ihre Form, Leistung und Behandlung in Schneidemühlen. Berlin: Rudolph Gaertner. 1879. 176 S. Zahlreiche Holzschnitte.

• Foyster, J. Raymond. A. B. I. C. C. Modern Mecanical Saw Practice. London: Crosby Lockwood & Son. 1947. 274 S. A 5. •

• Gläser, Forstmeister Dr., und Dozent Dipl.-Ing. Dr. Stenzel. Die Pflege der Waldsäge. Eberswalde: Iffa (Institut für forstliche Arbeitswissenschaft). 1939. 64 S. A 5.

G. (= Graber). An der Wiege des Sägeblattes. Österreichs Forst- u. Holzwirtsch. 7 (1952), Nr. 9 (7. Mai). S. 173 bis 174. — Bildbericht über die Sägenfabrik Wüster & Co. in Wieselburg.

• Haycock, A. H. Sawing and Planing. London: The Technical Press Ltd. 1948. XI + 132 S. A 5. — S. 1 bis 86: Kreis- und Bandsägeblätter.

• Krekeler, Dr.-Ing. habil. Karl (Prof.. an der Technischen Hochschule Aachen). Die Zerspanbarkeit der metallischen und nichtmetallischen Werkstoffe. Mit 148 Abb. Berlin-Göttingen-Heidelberg: Springer. 1951. 358 S. 15×23.

• Lamp, Forstmeister, Ingo. Werkzeugkunde für die Waldarbeit im Gebirge. Graz: Selbstverlag. 1947. 71 S. 67 Abb. B 5.

• Lamp, Forstmeister, Ingo (Waldarbeiterfachschule Pichl). Der Vorteil für den Waldarbeiter. Von der Hobelzahnsäge zur Sauna. Über die Leistungssteigerung bei der Waldarbeit. Herausgegeben vom Österreichischen Produktivitätszentrum. Wien: Verlag der Carl Ueberreuterschen Buchdruckerei. 1951. 63 S. C 6.

• Lotte et Keller (Laboratoire de l'Institut National du Bois). La Scie Circulaire. Brochure Technique N° 8. Paris. Juin 1949. 59 S. A 5.

• Lotte et Lamiaux (Laboratoire de l'Institut National du Bois). L'Entretien des Lames de Scies à Ruban. Brochure Technique N° 3. 2e Edition. Paris. 1948. 36 S. A 5.

• Mornico (Professeur à l'Ecole du Bois de Mouchard). Entretien des Lames de Scies Circulaires. Brochure Documentaire Doc. 1948—001. Paris: Institut National du Bois. 1948. Vervielfältigung. 9 S. A 4.

• Pallet, A. Les Scies Circulaires à Bois. Traité pratique d'Affutage. Ecrasage et Tension. Paris: Verlag der Zeitschrift „Usine". (Vor 1932.) 99 S. A 5.

• Spear & Jackson Ltd. The „Mermaid" Saw and Cutter Manual. Sheffield: Spear & Jackson. (Vor 1932.) 133 S. C 6.

• Strehlke, Dr. Ernst Günther (preuß. Oberförster in Schönstein). Die Methodik des Sägeversuches. Eberswalde: Iffa (Institut für forstliche Arbeitswissenschaft). 1929. 100 S. — S. 52 bis 56: „Das Material."

• Zehnder, Forsting. Verwendung und Unterhalt der Säge im Forstbetrieb. Solothurn: Forstwirtschaftliche Zentralstelle der Schweiz. 1936. 61 S. A 5.

9.1. Die Einteilung der Sägeblätter

9.15. Die Zahnformen der Holzsägeblätter

A. S. M. E., Special Research Comittee on Saws and Knives. Reducing Waste by Improvement of Design and Use of Woodworking Saws and Knives. WDI-51-6. Trans. A. S. M. E. 51 (1929), Part II, S. 33 bis 51.

Brunneder, Dipl.-Ing. Rudolf (Wüster & Co.). Das rückschlagsichere Kreissägeblatt. Allg. Holzrundschau 7 (1951), H. 113 bis 114 (Okt.), S. 204 bis 205.

Feuzl, F. (in Kuchl bei Salzburg). Die Normzeichen der Zahngrundformen. Sägewerk, Holzverarb. Ind. u. Holzwirtsch. 3 (1949), H. 7 (Juli), S. 5 bis 6.

Lindner, Johannes. Rückschlagsichere Kreissägeblätter (RS-Sägen). Allg. Holzrundschau 6 (1950), H. 75 bis 76 (März), S. 12 bis 21.

Plehn, Hans Joachim. Klare Benennung der Zahnformen von Holzsägen. Masch.-Bau 14 (1935), S. 613 bis 614. — Auszug: Werkst.-Techn. 1936, S. 64.

Scherunga, Dipl.-Ing. Dr., u. Koppe (Bundesversuchs- und Prüfungsanstalt für landwirtschaftliche Maschinen und Geräte in Wieselburg an der Erlauf, N.-Ö.). Prüfbericht über das RS-Kreissägeblatt der Firma Wüster & Co. Allg. Holzrundschau 8 (1952), H. 127/128 (Mai), S. 106 bis 114.

• Stentzel, E. Die Zahnformen der Waldsäge. Eine Darstellung ihrer Wirkungsweisen und Entwicklung. Sonderabdruck aus Forstarchiv (1935), H. 18 bis 19. Hannover: M. & H. Schaper. 1935. 17 S. B5.

Wüster, Dr. Ing. Eugen. Die anschaulichen Buchstabenzeichen für die Zahnformen. Sägewerk, Holzverarb. Ind. u. Holzwirtschaft 5 (1951), H. 3 (März), S. 20 bis 22.

9.2. Die Werkstoffe für Holzsägeblätter

9.21. Zusammensetzung und Erschmelzung der Holzsägenstähle

— — Höchstleistungswerkzeuge für die Holzbearbeitung. Sägewerk u. Holzwirtschaft 2 (1948), H. 2 (Feber), S. 9 bis 12.

— — Kreissägenversuche mit verschiedenen Stahlsorten. AWF-Mitt. 11 (1929), S. 41 bis 43.

Allen, Henry B. (Chief Metallurgist, Henry Disston & Sons). Improvements in Steel for Wood Cutting Saws and Knives. WDI-53-5. Trans. Amer. Soc. mech. Engr. 53 (1931), S. 43 bis 47.

• Diergarten, Dr.-Ing. H. Gefüge-Richtreihen im Dienste der Werkstoffprüfung in der stahlverarbeitenden Industrie. 3. Aufl. Unveränderter Nachdruck der 2. Aufl. 1940. Düsseldorf: Deutscher Ingenieur-Verlag G. m. b. H. 1951. 53 S. 92 Bilder, 15+4 Tafeln. A4.

Ellender, Walter, Adolf Walz u. Oskar Meyer. Über die bei Sägeblättern häufig auftretende Schieferung. Arch. Eisenhüttenwes. 9 (1936), S. 601 bis 605.

Leveringhaus, Dipl.-Ing. Robert Walter (in Remscheid). Sägenstähle. In: Werkstoff-Handbuch Stahl und Eisen. Bearbeitet von Dr. Ing. Karl Daeves. 2. Aufl. Düsseldorf: Verlag Stahleisen m. b. H. 1937. S. P 71-1 bis 71-4.

Lotte et Lamiaux (Laboratoire de l'Institut National du Bois). La qualité des aciers et l'usinage des bois. Rev. Bois 2 (1947), H. 7 (Juli/Aug.), S. 26 bis 28.

Oertel, Dr. Ing. W. (Völklingen). Sägenstähle. In: Werkstoff-Handbuch Stahl und Eisen, bearbeitet von Dr. Ing. Karl Daeves. Düsseldorf: Verlag Stahleisen m. b. H. 1930. S. P 71-1 bis P 71-3.

• Rapatz, Dr. Ing. Franz (Gebr. Böhler & Co. Aktiengesellschaft). Die Edelstähle. 3. Aufl. Berlin: Springer-Verlag. 1942. 482 S. — S. 309 bis 310: „Sägenstähle".

Reimann, Ing. W., VDI (in Firma Herbertz u. Schmidt, Remscheid-Hasten). Stand der Werkzeuge für Holzbearbeitung. Holz-Zbl. 76 (1950), Nr. 140 (23. Nov.), S. 1573 u. 1578.

• Schmidt, Dr. mont. Ing. Max. Werkzeugstähle. Düsseldorf: Verlag Stahleisen m. b. H. 1943. 263 S. — S. 171 bis 173: „Holzsägen".

• Schoeller-Bleckmann Stahlwerke Aktiengesellschaft in Wien. Erfinder: Dr. Ing. Karl Löffler. Stahllegierung zur Herstellung von Holzbearbeitungssägen. Österr. Pat. 164500. Klasse 18 b. Angem. 29. Aug. 1947. Beginn der Patentdauer: 15. April 1949. Ausgegeben 10. November 1949.

Schreiber, Dipl.-Ing. E. Kritische Beurteilung der Stahlqualitäten von Sägeblättern. Mitteilungen aus dem Laboratorium Dr. Ley, Elberfeld. Holzmarkt (Berlin) 11. 8. 1927.

Schreiber, Dipl.-Ing. E. Einfluß der Metallfehler und der Zusammensetzung des Stahles auf die Schnittleistung von Gattersägen. Holz-Zbl. 1930, Nr. 62 (24. Mai), S. 611 bis 612.

• Stentzel, Prof. Dr. E. E. Zur Werkstofffrage der Sägenindustrie. Aus den von der Technischen Zentralstelle der deutschen Forstwirtschaft geförderten Arbeiten des Instituts für forstliche Arbeitswissenschaft, früher Eberswalde i. M. Sonderdruck aus Holz-Zbl. (Stuttgart), (1948), Nr. 6 u. 7 (5. u. 12. Februar). 8 S. A 5.

• VDEh. Unlegierte Werkzeugstähle. Stahl-Eisen-Werkstoffblatt 150-49. 2. Ausgabe. Düsseldorf: Verlag Stahleisen. Okt. 1949. 6 S. A 4.

9.22. Die Anlieferungsformen des Holzsägenstahles

Bohr, H. Die Herstellung von Edelstahlblechen. In: J. Puppe: Walzwerkswesen. Bd. 3. Düsseldorf: Stahleisen und Berlin: Julius Springer. 1939. S. 292 bis 306. A 4.

Hundt, G. Das Walzen von Feinblechen. In: J. Puppe: Walzwerkswesen. Bd. 3. Düsseldorf: Stahleisen und Berlin: Julius Springer. 1939. S. 109 bis 292. A 4.

Siehe auch Abschnitt 9.4.

9.24. Die Zahnspitzen aus Hartmetall

• AWF. Hartmetallwerkzeuge. Behandlung und Verwendung. (AWF 258.) Berlin: Beuth-Verlag. 1934. 54 S. A5.

Dinglinger, Dr. Ing. Erich (Bremen-Mahndorf). Holzbearbeitung mit Hartmetallwerkzeugen. Der Bau- u. Möbelschreiner **5** (1950), H. 7 (10. Juli), S. 408 bis 410.

Kaiser, Obering. E. F. Rationellere Bearbeitung mit Hartmetallwerkzeugen in der Holzindustrie. Internat. Holzmarkt **43** (1952), Nr. 1 (12. Jänner), S. 16 bis 17.

9.3. Die Herstellung der Holzsägeblätter aus Blechen

— — Das Werk der Firma Gebr. Busatis Ges. m. b. H. in Purgstall, Niederösterreich. Mitt. Eisen- u. Metallbranche (Wien) **10** (1936). Nr. 7 (1. Juli), S. 1 bis 4.

— — Wie entsteht ein Sägeblatt? Holzmarkt (Wien), 4. 7. 1933, S. 3. — Die Sägenfabrik Franz Lipowsky in Wien wird beschrieben.

— — Kreissägeblätter mit festen und eingesetzten Zähnen bis zu 3250 mm Durchmesser. Werkstattstechn. 1930, H. 23 (1. Dez.), S. 651 bis 656. — Es werden die Maschinen und Verfahren beschrieben, die bei der amerikanischen Sägenfabrik Simonds Saw and Steel Co., Fitchburg, Mass., in Gebrauch sind.

Görke, L. Der Werdegang einer Säge. Rundschau techn. Arb. **16** (1936), Nr. 30 (22. Juli), S. 3.

Löffler, Dr. Karl. Die moderne Sägeblättererzeugung. Österreichs Forst- u. Holzwirtsch. **4** (1949), Nr. 8 (21. April), S. 116 bis 117.

• Ripke, G. Die Herstellung der Sägen. Aus G. Ripke u. F. Liebetanz: Der praktische Maschinenbauer. Leipzig: Arnd. 1906. S. 347 bis 385. — Enthält viele Beschreibungen aus der Sägenfabrik I. D. Dominicus & Söhne in Remscheid-Vieringhausen.

Viall, Ethan. Making Saws. Machinery 1909, S. 509 bis 512.

• Zöllner, Julius, u. and. Das neue Buch der Erfindungen, Gewerbe und Industrien. Bd. 6. Die mechanische Bearbeitung der Rohstoffe. 7. Aufl. Leipzig und Berlin: Otto Spamer. 1879. 598 S. C 5. — S. 115 bis 117: Sägen.

Siehe auch die in Abschnitt 9.0 angeführten Aufsätze von — — und Graber über die Sägenfabriken Busatis und Wüster & Co.

9.32. Das Härten und Anlassen

• Hiller, Dipl.-Ing. Walther. Stahl-Handbuch. Alphabetisches Nachschlagewerk der Stahlkunde. Wien: Rudolf Bohmann. 1948. 327 S. C 6.

• Reiser, Oberbergrat F., und Dr. Ing. F. Rapatz. Das Härten des Stahles. 8. Aufl. Leipzig: Arthur Felix. 1932. 201 S. 98 Abb., 1 Farbentafel, 14 Zahlentafeln. C 5.

• Simon, Dr. Ing. Eugen. Härten und Vergüten. 2 Bde. Berlin: Julius Springer. 1930 u. 1931. 70 + 65 S. C 5.

9.325. Die Zwischenstufenvergütung

• Bolhovitinov, Prof. Dr. techn. N. F. Metallovedenije i Termičeskaja Obrabotka (Metallkunde und Wärmebehandlung). (Ort ungenannt.) Mašgiz. 1947. 339 S. A 5.

Hiller, Dipl.-Ing. Walther (Wien). Das Vergüten des Stahles. Österr. Masch.-Markt u. Elektrowirtsch. 4 (1949). Nr. 16 bis 17 (15. Sept), S. 314 bis 319.

Schürch, K. (s. Zt. Brown Boverie & Cie., Materialprüfung, Met.-mech. Labor.). S-Kurven und ihre praktische Anwendung. Schweizer Arch. angew. Wiss. u. Techn. 13 (1947), Nr. 12 (Dez.), S. 379 bis 383.

9.342. Das Glattschleifen der Sägeblätter

Sachsenberg, E. (Dresden). Vergleichende Untersuchung blankgeschliffener und ungeschliffener sogenannter schwarzer Sägeblätter. Holz als Roh- und Werkstoff 6 (1943), H. 8 bis 9 (Aug. bis Sept.), S. 246 bis 249.

9.354. Das Polieren mittels Schleifbändern

Bernhard, Ernst (Luzern). Durex-Kontaktbandschleifen. Österr. Masch.-Markt u. Elektrowirtsch. 5 (1950), H. 22 (15. Dez.), S. 501.

Vollbracht, Karl. Kontaktbandschleifen — eine neue Art der Metallbearbeitung. Österr. Masch.-Markt u. Elektrowirtsch. 5 (1950), H. 3 (15. Febr.), S. 44 bis 45.

9.363. Der Zweck des Spannens

• Fenzl, F. Warum Gittersäge? Zum Andenken an Oscar Biermann. Sonderdruck aus der Fachzeitschrift „Sägewerk, Holzverarbeitende Industrie und Holzwirtschaft" (Wien) 3 (1949), H. 3 (März), S. 13 bis 18. A 4.

• Föppl, Prof. Dr. phil. Dr.-Ing. August (München). Vorlesungen über Technische Mechanik. Fünfter Band. Die wichtigsten Lehren der höheren Elastizitätstheorie. 4. Aufl. Mit 44 Fig. im Text. Leipzig u. Berlin: B. G. Teubner. 1922. 372 S. A 5. — § 16 (S. 85 bis 89): Die rotierende Scheibe.

Lindholm, Docent Einar (Stockholm). Cirkelsågars buckling (= Buckligwerden) vid symmetrisk temperaturfördelning. Teknisk Tidskrift, 18. März 1950, S. 243 bis 247.

Schmaltz. Prof. Dr. Ing. Dr. med. h. c. Die amerikanischen Methoden zur Behandlung der Bandsägeblätter und ihre elastizitätstheoretische Begründung. Z. VDI 71 (1927), S. 1645 bis 1653.

• Thunell, Bertil (Mechanisch-Technologisches Institut der Schwedischen Holzforschungsanstalt Stockholm). Fortschritte bei der Zerspanungsforschung von Holz. Sonderabdruck aus der Zeitschrift Holz (Berlin) 9 (1951), H. 1 (Jänn.), S. 11 bis 20. A 4.

9.4. Die Herstellung des gehärteten Bandstahls für Holzsägeblätter

• British Intelligence Objectives Sub-Committee. German Cold Rolled Strip Industry. (B. I. O. S. — Final Report No. 681.) London: H. M. Stationary Office. Febr. 1946. 62 Text-S. + 15 Bild-S. B 5.

• British Intelligence Objectives Sub-Committee. German Hardened and Tempered Steel Strip Industry. (B. I. O. S. — Final Report No. 1673.) London: H. M. Stationary Service. Jan. 1947. 56 Text-S. + 54 Bild-S. B 5.

Pomp, A. Das Kaltwalzen von Bandstahl. In: J. Puppe. Walzwerkswesen. Bd. 3. Düsseldorf: Stahleisen, und Berlin: Julius Springer. 1939. S. 488 bis 669.

9.5. Die Herstellung der Holzsägeblätter aus Bandstahl

9.51. Die Herstellung der Bandsägeblätter

• Held, Oscar (Vienna). Manual on Rip- and Log Band Saws. Sandviken (Sweden), Sandvikens Jernverks Aktiebolag. 1949. 160 S. B6.

9.56. Die Herstellung der Laubsägeblätter

— — Vollautomatische Laubsägen. Wirtschaft (Wien) 1950, Nr. 12 (25. März), S. 7. — Die Laubsägenfertigung von Ing. Walter Klein und Firma Exacta in Wien wird beschrieben.

— — Laubsägen am laufenden Band. Wirtschaft 1950, Nr. 18 (6. Mai). — Die Laubsägenfertigung von Wüster & Co. in Wieselburg wird beschrieben.

9.6. Die Normung der Holzsägeblätter

Ein Verzeichnis aller Normen über Holzsägen befindet sich in Abschnitt 6.7.

— — Verbindlichkeitserklärung 13r des Beauftragten für Kriegsaufgaben bei der Wirtschaftsgruppe Eisen-, Stahl- und Blechwarenindustrie über die Herstellung von Handsägen für Holz. (Berlin.) 28. 9. 1942. 16 S. A5.

Rauhut, Dipl.-Ing. U. Typenvereinfachung in der Werkzeugindustrie. Anz. Masch.-Wes. (Essen) 62 (1940), Nr. 43 (28. Mai).

9.7. Die Holzsägenindustrie

9.72. Die deutsche Holzsägenindustrie

• Engels, Wilhelm und Paul Legers. Aus der Geschichte der Remscheider und Bergischen Werkzeug- und Eisenindustrie. Mit Bildbeigaben in Kupfertiefdruck und Kartenmaterial. Remscheid: Im Selbstverlag des Bergischen Fabrikanten-Vereins Remscheid. 1928. 2 Bde. 416 + 164 S. C5.

Siehe auch die Beschreibungen aus der Sägenfabrik I. D. Dominicus und Söhne in der Arbeit von Ripke (angeführt in Abschnitt 9.3).

9.73. Die österreichische Holzsägenindustrie

— — Schnittversuche mit in- und ausländischen Gattersägeblättern. Bericht der paritätischen Kommission. Sägewerk, Holzverarb. Ind. u. Holzwirtsch. 6 (1952) H. 4 (April). S. 6 bis 7.

Plehn, Hans Joachim. Die österreichische Sägenindustrie. Rundfunkvortrag. Holzmarkt (Wien) 6. 11. 1934. S. 3.

• Plehn, Dir. Ing. H. J., Wieselburg (Sägenfabrik Wüster & Co.). Sägengau Niederdonau. Zur Geschichte eines Industriezweiges. Sonderdruck aus: Technik in Niederdonau 3 (1941), H. 1 (Jan.), S. 7 bis 14.

• Schachinger. Coelestin, Benefiziat. Geschichte des Marktes Purgstall an der Erlauf in Niederösterreich. Purgstall: Selbstverlag des Verfassers. 1913. 190 S. — S. 178: Die Fabrik der Firma Busatis.

Siehe noch folgende Aufsätze:

In Abschnitt 9.0 von Ungenannt (— —) und Graber über die Sägenfabriken Busatis und Wüster & Co.;

in Abschnitt 9.3 über die Sägenfabriken Busatis und Lipowsky;

in Abschnitt 9.56 über die Laubsägenfertigungen von Klein-Exacta und Wüster & Co.

9.75. Die Holzsägenindustrie außerhalb von Europa

Siehe den in Abschnitt 9.3 angeführten Aufsatz über die Sägenfabrik Simonds in Fitchburg, USA.

9.9. Schrifttumsverzeichnis über Holzsägeblätter

• Wüster, Dr. Ing. Eugen. Schrifttumsverzeichnis über Sägen (Remscheid: Fachgruppe Werkzeugindustrie. 1940.) Mit der Maschine geschriebene Vervielfältigung. 33 S. A 4.

Namenverzeichnis[1]

(Personen, Organisationen, Anstalten, Firmen, Fabrikmarken, Kurztitel von Veröffentlichungen)

[1] Von den im Kapitel 8 aufgeführten Holzsägenfabriken sind hier nur diejenigen berücksichtigt, die im Kapitel 8 durch einen Stern gekennzeichnet sind, d. h. die mehr als 50 Arbeiter beschäftigen.

Sachverzeichnis[1]

[1] Die Abc-Folge entspricht den Ablageregeln des ÖKW (Veröffentlichung 28 aus dem Jahre 1948).

GPSR Compliance

The European Union's (EU) General Product Safety Regulation (GPSR) is a set of rules that requires consumer products to be safe and our obligations to ensure this.

If you have any concerns about our products, you can contact us on ProductSafety@springernature.com

In case Publisher is established outside the EU, the EU authorized representative is:

Springer Nature Customer Service Center GmbH
Europaplatz 3
69115 Heidelberg, Germany

Batch number: 10577917

Printed by Printforce, the Netherlands